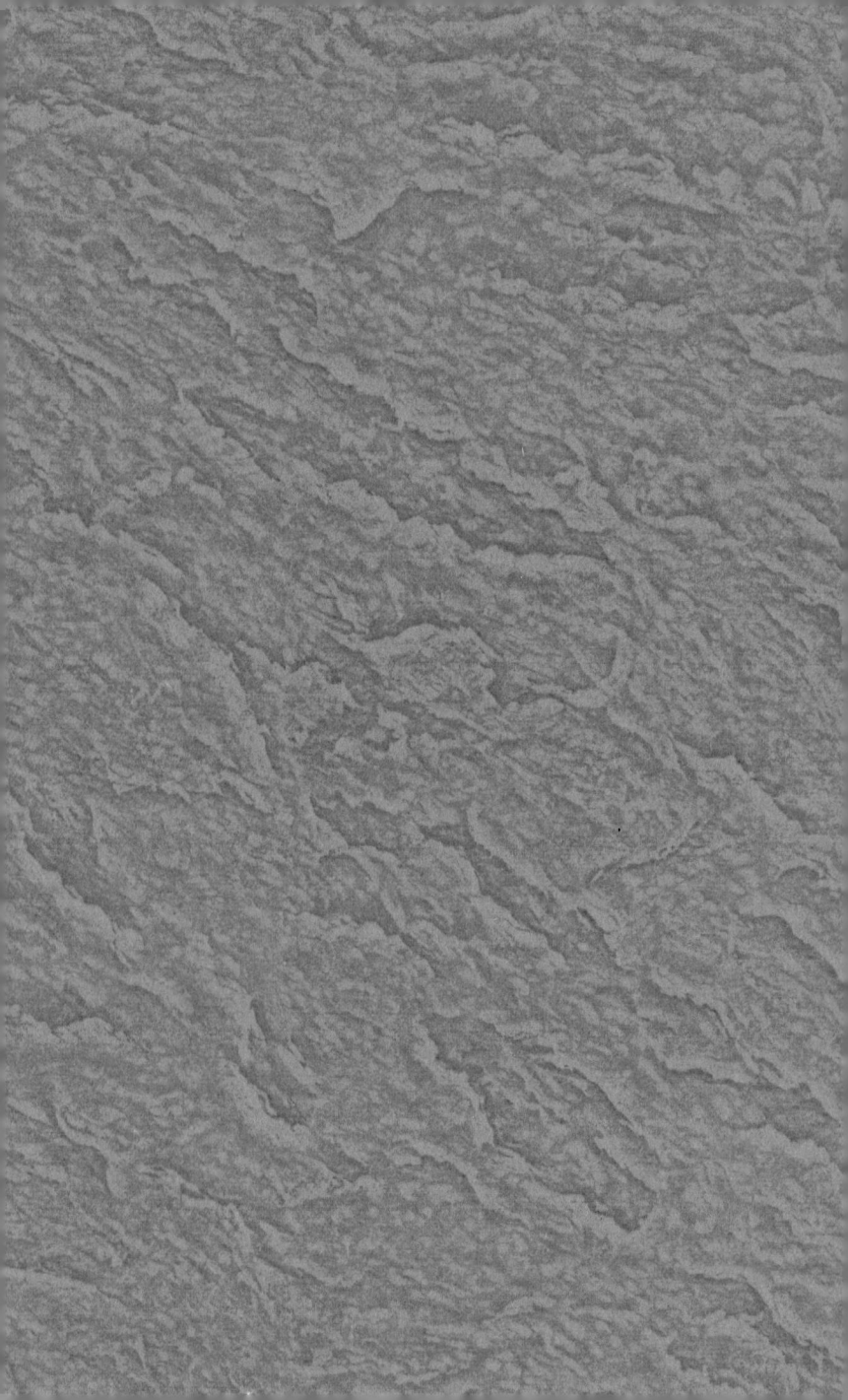

ドキュメント

戦争広告代理店

情報操作とボスニア紛争

Takagi Tōru 高木徹

講談社

◆主な登場人物

ボスニア・ヘルツェゴビナ共和国

ハリス・シライジッチ外務大臣

'92年4月、誕生したばかりの
バルカンの小国の未来をになって、
単身アメリカに乗り込む。
ルーダー・フィン社のジム・ハーフと
出会ったことで、運命の歯車がまわりはじめる。

アリヤ・イゼトベゴビッチ大統領
サビーナ・バーバロビッチ大統領首席補佐官

ルーダー・フィン社：アメリカの大手PR企業

ワシントン支社
ジム・ハーフ国際政治局長

同社における国際紛争のエキスパート。
たくみに国際社会での
ボスニア支持の論調を作り上げていく。

ジム・マザレラ
ジム・バンコフ

ニューヨーク本社
デビッド・フィンCEO

セルビア共和国

スロボダン・ミロシェビッチ大統領

ボスニア紛争でのPR戦略の有効性に気づくのが遅れ、「悪玉＝セルビア」の主人公としての役割を演じ続けることになっていく。

アメリカ合衆国

ジョージ・ブッシュ大統領
ジェームズ・ベーカー国務長官
ラリー・イーグルバーガー国務副長官

国際連合

ブトロス・ガリ事務総長
ルイス・マッケンジー将軍（国連防護軍サラエボ司令官）

ユーゴスラビア連邦

ミラン・パニッチ首相

日ごとに悪化するセルビアのイメージを挽回するための「切り札」として、ミロシェビッチ・セルビア大統領が起用。PR戦の遅れを取り戻すための手を懸命に打つ。

ドブリツァ・チョシッチ大統領
ミオドラグ・ペリシッチ情報相

マスコミ

ニューズデイ紙　ロイ・ガットマン記者
ニューズウィーク誌　マーガレット・ワーナー記者

◆旧ユーゴスラビア地図

'91年にソ連邦が崩壊し東西冷戦構造の終結していく過程で、'91〜'92年、旧ユーゴスラビア連邦から、スロベニア、クロアチア、マケドニア、ボスニア・ヘルツェゴビナの各共和国が相次いで独立。セルビア共和国とモンテネグロ共和国が、新たなユーゴスラビア連邦を構成した。ボスニア紛争は'95年の和平合意によって一応の終結を見たが、各国とも民族構成が複雑で、20世紀の最後の10年、この地に紛争が絶えることはなかった。

序章　勝利の果実

サラエボ市内のファルハディア通り。
歩行者天国のにぎわいに、もはや戦争の爪痕は感じられないが……
©在日本ボスニア・ヘルツェゴビナ大使館

ボスニア・ヘルツェゴビナの首都サラエボは、美しい街である。周囲に一九八四年の冬季五輪の会場となったスキーリゾートが点在し、街はその山並みの中の盆地にある。峠に立って見下ろすその姿は、箱庭のようだ。

もし、サラエボの美しさをもっと身近に感じたければ、坂道を降り、街の中心を訪れることだ。ヨーロッパの空気を漂わせるメインストリートに並ぶカフェで、トルコ風の濃いコーヒーを飲みながら、街を歩く女性たちを眺めればよい。ある人は黒い眼に茶色の髪、またある人はブロンドに薄い色の眼と、バラエティに富んだ、しかし例外なく目を見張るほど美しく、素晴らしいスタイルの女性たちを目の当たりにすることができる。それはとりもなおさず、この街ではさまざまな民族が暮らし、長い間に多くの血が混じり合ってきたことのあかしだ。

週末の夜になると、サラエボはさらに華やかになる。さして大きくはないこの都市の、どこにこれほどの人がいるのだろう、と思うほどに人々が集まってくる。商店は遅くまで店を開け、ショーウィンドウには世界のブランド品が飾られる。カフェは路上にパラソルとテーブルを出し、そこで人々はビールやワインを飲む。よく見ると、その中に軍服姿の若者が多いことに気づく。たまの休日に破目をはずして騒いでいる彼らの袖《そで》に目をやると、イタリア、ノルウェー、モロッコ、アルゼンチン、色とりどりの国旗が縫い付けられている。制服に身をつつむ彼らだけではない、耳を澄ますと、カフェから聞こえる人々の会話も、英語、フランス語、ドイツ語とさまざまだ。この街には世界各国の人々が集まっている。彼らがこの国で支払いに使うお金は「コンバーチブル・マルク（ボスニア・ヘルツェゴビナの中央銀行が発行する紙幣）」。EUに入っていないこの小国で、欧州各国で流通するユーロと、いつでも固定されたレートで交換できる通貨が使われている。中央銀行の金庫には、市中に出回るコンバーチブル・マルクと同額のユーロが納められ、この制度を保証しているのだ。その原資は、世界からこの国につぎ込まれた援助だ。この街のきらびやかさの源には、西側先進国をはじめとした国々から競うように流れ込んでいるお金と人と資材がある。

それは、この国が一九九〇年代におきた民族紛争、ボスニア紛争で戦われた「情報戦争」に勝利したことの果実である。

そのことは、サラエボからおよそ二百キロ、東京―大阪間より近いセルビア共和国の首都ベオグラードに行けばはっきりとわかる。

ベオグラードの街を覆う空気の色は「灰色」だ。建物も、街も、店も、すべてがすすけている。ガソリンスタンドには貴重な燃料を求める市民の車が列をなし、暗い地下道には露天の商店が軒を並べ、闇の商品流通がこの国の経済の根幹をなしていることをうかがわせる。そして、東京なら霞が関や丸の内にあたる主要な街区のあちこちで、かつて内務省や、放送局や、そのほかの重要施設だった巨大なビルが、ＮＡＴＯ空爆でトマホークミサイルの直撃を受けたままの瓦礫《がれき》の山となって放置されている。「虐殺者」「人道の敵」のレッテルを貼られたセルビア人の首都は、国際社会から締め出され、見捨てられた姿のままである。

これほどの差は、なぜ生じたのか。

私は、かつて弾丸やミサイルが飛び交ったサラエボやベオグラード、そして「情報」や「ＰＲ」という、目に見えないが時に実弾よりも恐ろしい力を発揮する武器が使われたニューヨーク、ワシントン、ロンドンなどで、一九九〇年代最悪の紛争、ボスニア紛争における「ＰＲ戦争」を取材した。その成果はドキュメンタリー番組『NHKスペシャル「民族浄化〜ユーゴ・情報戦の内幕〜」』として、二〇〇〇年十月二十九日に放送された。本書は、番組で紹介しきれなかった取材の成果や、その後得た最新情報を加え、国際紛争の陰で戦われたPR戦争の凄まじい実態を書き表したものである。

ボスニア紛争は、一九九二年の春に始まり、九五年の秋まで続いた旧ユーゴスラビアの民族紛争だ。かつての冬季五輪開催地サラエボが攻撃され、無残に破壊されたニュース映像を覚えている人は多いだろう。それは、冷戦の終結後、世界各地で頻発するようになった民族紛争の中でも最大級の戦いである。この紛争では、数十万といわれる命が失われた。その後続いたコソボ紛争やNATO空爆は、さらなる犠牲者を生んでいる。その多くが武器をもたない民間人である。本書を書くにあたって、亡くなられた人々にあらためて弔意を表したい。

冷戦の時代には、アメリカをはじめとする西側の論理からすれば、ソ連が敵である、とはっきりしていた。そこに疑問の余地はあまりなかった。だが、冷戦後の世界で起きるさまざまな問題や紛争では、当事者がどのような人たちで、悪いのがどちらなのか、よくわからないことが多い。誘導の仕方次第で、国際世論はどちらの側にも傾く可能性がある。そのために、世論の支持を敵側に渡さず、味方にひきつける優れたPR戦略がきわめて重要になっているのだ。それは、国際政治の場だけでなく、経済の世界にも広がっている現象である。

人々の血が流された戦いが「実」の戦いとすれば、ここで描かれる戦いは「虚」の戦いである。PRや情報戦が、「実」の戦いの帰趨《きすう》のすべてを決めるわけではない。しかし、「虚」の戦いが「実」の戦いの行方に大きな影響を与えることも事実だ。「情報の国際化」という巨大なうねりの中で「ＰＲ」＝「虚」の影響力は拡大する一方であり、その果実を得ることができる勝者と、多くを失うことになる敗者が毎日生み出されている。今、この瞬間も、国際紛争はもちろん、各国の政治の舞台で、あるいはビジネスの戦場で、その勝敗を左右する「陰の仕掛け人」たちが暗躍しているのだ。

ドキュメント

戦争広告代理店

情報操作とボスニア紛争

目次

装幀　多田和博

第一章　国務省が与えたヒント

1992年4月14日、ボスニア・ヘルツェゴビナのその後の運命を決定づけた、
シライジッチ外相(左)、ベーカー国務長官会談
©AP／WWP

一九九二年四月九日、ニューヨーク。ジョン・F・ケネディ空港の欧州線のターミナルに、ボスニア・ヘルツェゴビナ外務大臣、ハリス・シライジッチは降り立った。

そのとき、彼の祖国、ヨーロッパのはずれバルカン半島に一ヵ月前生まれたばかりの国、ボスニア・ヘルツェゴビナの運命は風前の灯《ともしび》だった。シライジッチの両肩には、この人口三百万人あまりの小国の未来のすべてがかかっていた。

だが、この訪問が、二十世紀最後の十年間、世界の耳目《じもく》を集め続けた旧ユーゴ紛争の勝敗を左右する、「情報戦争」の第一歩になること、そして、彼自身がその主役となることまでは理解していなかった。

そのとき、到着ロビーを歩くシライジッチの姿を見て、これが一国の外務大臣のアメリカ訪問だと気づいた人は誰もいなかっただろう。

まず、彼の風貌《ふうぼう》は、およそ政治家とはかけ離れていた。むしろ俳優のようである。後に国連のある高官は、彼の外見を評して「アラン・ドロンのようだ」と述べている。そして、その彫りの深い顔に「シェークスピア劇のハムレットのイメージ」といわれる憂いに満ちた表情を浮かべ、シライジッチはひとりタクシー乗り場へ向かった。随行するスタッフは一人もいない。それはまったく孤独な、ボスニア・ヘルツェゴビナ外相のアメリカ初訪問だった。ボスニア・ヘルツェゴビナ政府には、隣国セルビアとの戦いを目前に、外相のアメリカ訪問に随員をつける余裕がなかったのだ。

「国連本部へ」

黄色い車体のタクシーの後部座席に座ったシライジッチは、ドライバーにはっきりとした英語で行き先を告げると、車はマンハッタンへ向かって走り出した。

JFK空港から三百キロほど南西に離れたアメリカの首都、ワシントン。ホワイトハウスを窓から間近に眺めるオフィスで、同じ頃、一人の男がシライジッチの祖国から発せられた通信社電を注意深く読んでいた。

「サラエボで平和を求める市民のデモに民兵が発砲。市民五人が死亡した模様」

そのニュースは、一年前から続いていたバルカンの民族紛争が、ついにボスニア・ヘルツェゴビナにも広がろうとしていることを暗示していた。もしボスニア・ヘルツェゴビナに戦火が広がれば、それは確実にこれまでとは比較にならない激しい戦いとなる。男は、現地にいる各国の外交官たちが口をそろえてそう予測していることを知っていた。

男の名は、ジム・ハーフ。アメリカの大手PR企業、ルーダー・フィン社の幹部社員である。

PR企業のPRは「Public Relations」の略だ。きわめてアメリカ的な概念であるために、未だにこれといった日本語の訳語はない。PR企業のビジネスとは、さまざまな手段を用いて人々にうったえ、顧客を支持する世論を作り上げることだ。日本では広告代理店がこの仕事をすることが多い。だが日本の広告代理店と比べても、アメリカのPR企業がとる手段は、じつに幅広い。CMや新聞広告を使うのはもちろん、メディアや、政界、官界の重要人物に狙いを絞って直接働きかける、あるいは、政治に影響力のある圧力団体を動かす。その他何でも、考えられるかぎりのあらゆる手段でクライアントの利益をはかる。全米およそ六千のPR企業の中で、ルーダー・フィン社はベスト二十に入る大手だ。ハーフは、国際政治局長としてそのワシントン支社を任されていた。

ハーフには、ルーダー・フィン社で他に右に出る者のない、ある特殊な分野のノウハウがあった。ふつうPR企業のクライアントは国内外の民間企業であり、その企業や製品のイメージを高め、利益増大につなげる。だが、ハーフが得意としたのは、外国の政府、つまり国家そのものをクライアントとすることだった。一国の政府は、企業のように経済的な利益のために行動するわけではない。国益のために動く。したがってハーフが助けるのも、クライアントとなった政府の国際政治における国益追求だ。貿易振興や観光誘致といった仕事もある。しかし時には、紛争あるいは戦争というその国の最も大きな国益がかかる場面で、その政府にかわってPRを担当するのである。

ハーフは、前年の一九九一年から、ボスニア・ヘルツェゴビナの隣にあるクロアチアと契約を結び、PRビジネスを行っていた。当時クロアチアは、ユーゴスラビア連邦からの独立戦争を、連邦の実権を握るセルビア人との間で繰り広げていた。ハーフは、それ以前には、バルカン地域についてまったく知識を持っていなかった。しかし、いったんクロアチアと契約をかわすと、現地に何度も足をはこび、紛争の現状はもちろん、バルカンの文化、歴史についても研究者顔負けの知識を身につけ、プロのPR技術を駆使してクロアチア独立戦争がいかに正当なものか、セルビア人がいかに汚い連中であるかを世界にアピールしていた。

そして今、ボスニア・ヘルツェゴビナが独立を宣言し、これまでの顧客クロアチアと共通の敵、セルビア人と戦いを始めようとしている、このニュースは、ハーフにとっていたく興味をそそられるものだった。なぜなら、それは、ボスニア・ヘルツェゴビナという新たなクライアントがあらわれる可能性を示していたからだ。

「これからは、ボスニア・ヘルツェゴビナからのニュースも細大漏らさずファイリングしておくように」

ハーフは、そう部下に命じた。


四月十二日、シライジッチ外相は、ニューヨークからワシントンに向かった。その表情に浮かぶ憂いの色は、さらに深まっていた。彼のニューヨーク滞在は失敗だった。国際政治の中心は国連にあると考えていたシライジッチは、各国の代表部や、国連本部の高級官僚のもとを回り、セルビア人が独立したばかりの祖国を地図上から抹殺しようとしていることを訴えた。だが、ボスニア・ヘルツェゴビナでおきようとしている悲劇に対し、人々の反応は冷たかった。

「誰も相手にはしてくれませんでした。ボスニア・ヘルツェゴビナは、国際政治の中ではとるに足らない小国です。私たちは、人口も少なく、石油も核兵器もありません。国連も、そのほかの大きな国際政治の舞台も、牛耳っているのはアメリカなどほんの一部の大国です。そういう国々の外交官は、次から次へと世界各地でおきるさまざまな問題の処理で忙しく、私たちの紛争のような小さいことに構っている暇はない、ということなのです」

シライジッチはそう語っている。

祖国の存亡の危機が、国際政治の奔流の中では、ヨーロッパの裏庭で起きた「ほんの些細な出来事」にすぎない。シライジッチは、そう思い知らされた。

しかし、彼はそのまま祖国に帰るわけにはいかなかった。

およそ一ヵ月前、シライジッチが祖国を出るころ、ボスニア・ヘルツェゴビナ政府の首脳たちの間で、その後の国の運命を決める、ひとつの重大な政策が決定されていた。

その当時、ボスニア・ヘルツェゴビナの中心都市サラエボに、戦争の影はなかった。市民はいつもどおり、楽しそうに街を歩いていた。数ヵ月後にそれがスナイパーの銃弾をかいくぐる命がけの行為になるとは誰も思っていなかった。

ボスニア・ヘルツェゴビナ大統領の娘、サビーナ・バーバロビッチは、そのとき、父である大統領アリヤ・イゼトベゴビッチの首席補佐官を務めていた。彼女は、大統領が閣僚たちと来るべき戦争について話しているのを聞いてとても不思議な気持ちがした、と当時を振り返っている。

「そのころ、自分を含めサラエボの一般市民は、この平和な街で血が流されることになるとは、思ってもいませんでした。だから、父やその部下たちが、『戦いが起きたら』と戦争が起きたときの対策を真剣に話し合っているのを見て、どうしてそんなことを考えるのかと、不思議に思ったのです」

だが、大統領やシライジッチ外相ら機密情報に触れる立場にあるものには、セルビア人が、自分たちの独立を黙って見過ごすことはないだろうということ、そして、自分たちも圧力に屈することなく徹底的に抵抗するだろう、その結果戦争は避けられない、ということが分かっていた。

そして、この戦いに勝利を得るために、来るべきボスニア紛争を「国際化（internationalize)」する、という国策を決めた。

「戦いを自国内の〝内戦〟として処理するのか、それとも〝国際化〟、つまり世界の他の国々を巻き込もうとするのかが議題となり、父は紛争を〝国際化〟させる、という結論を出したのです」

そうサビーナははっきりと記憶している。

ボスニア・ヘルツェゴビナとその周囲の国々、そしてそこに住む民族を襲った悲劇について、ここで語らなければならないだろう。

一九九〇年代最悪の民族紛争となったボスニア紛争が実際にどのようなものだったか、誰が加害者で誰が被害者なのか、それを百パーセント客観的に述べられる人は世界中のどこを探してもいない。もとは同じユーゴスラビア連邦の二つの都市だったサラエボとベオグラードの両方でこの紛争について聞くと、善玉と悪玉が完全に入れ替わった正反対のストーリーを聞かされる。アメリカ、ロシア、日本など各国の研究者やジャーナリストに聞いても、それぞれの立場によって主張がまったく異なるのだ。

一つの例をあげれば、ボスニア紛争でも最も悲劇的な事件といわれる一九九四年二月五日の「青空市場砲撃事件」がある。サラエボの中心部にある市場に何者かが迫撃砲弾を打ち込んだ。土曜で天気もよく、人出でにぎわっていた市場は、一瞬のうちに流血の惨状となった。死者六十人以上、負傷者およそ二百人という悲劇は、ちぎれた腕や、足を失ってはいずる重傷者などの悲惨な映像とともに世界を駆けめぐった。この砲弾が、紛争当事者のどちらの側から放たれたのか、今も不明である。死者の多くはモスレム人であることから、当初敵対するセルビア人側の犯行であると報道されたが、その後、国連の子細な調査が行われ、モスレム人側が撃ったのではないか、という疑惑も持ち上がっている。実際、当時の国連部隊の指揮官にも、モスレム人犯行説を支持する人がいる。そして、現在に至るまで、モスレム人はあの事件はセルビア人の仕業と言い、セルビア人はモスレム人の仕業と言って非難を続けている。

この事件だけでなく、ボスニア紛争ではそのほとんどの場面で、誰が先に発砲したのか、誰が挑発したのか、誰が悪いのか、それぞれの論点についてまっこうから対立した説が存在する。数十万の市民が無念の死を遂げた事実だけは疑いを入れないが、なぜ彼らが死ななければならなかったのか、その本当の理由は今も分からない。

そうした難しさがあるなか、できるだけ中庸な視点からボスニア紛争発生にいたる状況を整理すると以下のようになる。

偉大な指導者チトーのもと、四十年あまりにわたり存在してきた社会主義国「ユーゴスラビア連邦」は、多民族国家である。チトーの死とそれに続く冷戦構造の崩壊は、人々の心の奥底に生き続けていた民族独立への渇望を蘇《よみがえ》らせた。一九九一年、連邦を構成する六つの共和国のうち、最も西に位置するスロベニアが独立、次にクロアチアが独立した。これに対し連邦政府と連邦軍は、軍事力で独立を阻止しようとし、連邦軍と各共和国軍との間で戦闘が始まった。そのころの連邦政府は、実態としては各民族共同の政府ではなく、連邦首都ベオグラードがあるセルビア共和国の大統領ミロシェビッチらセルビア人によって牛耳られていた。したがって、この紛争は、セルビア人中心で運営される「ユーゴスラビア」の版図を維持したいセルビア人と、そこからの脱却をはかる各民族との戦い、という構図になっていた。

一九九二年春、戦火はシライジッチ外相の祖国ボスニア・ヘルツェゴビナに及んだ。このボスニア紛争は、他の民族の独立紛争とは異なる事情をはらんでいた。

いちはやく独立したスロベニア共和国はその人口のほとんどがスロベニア人で占められる。だから、彼らの独立闘争は自らの領域から、少数のよそ者を追い出せば完結した。クロアチア共和国も同様だ。だが、ボスニア・ヘルツェゴビナには、そのような圧倒的多数を占める一つの民族はいない。最大民族、といっても全人口の四割強を占めるにすぎないモスレム人がおり、それに匹敵する勢力として、三割強の人口を占めるセルビア人が領域内に住んでいた。そして第三の勢力、クロアチア人も二割弱の人口を占めていた。

セルビア人は東の隣国、セルビア共和国のセルビア人と同じ民族であり、クロアチア人は西の隣国、クロアチア共和国のクロアチア人と同じ民族である。では、モスレム人とはどんな人たちだろうか？　一言で言えば、中世、この地域を征服し支配下においたオスマントルコの影響によって、キリスト教からイスラム教に改宗した人々の末裔《まつえい》である。ボスニア・ヘルツェゴビナの三大民族のうち、セルビア人やクロアチア人のように、いわば「本国」が隣国として存在しているのと違い、モスレム人にとって母国はボスニア・ヘルツェゴビナしかない。だから、ボスニア・ヘルツェゴビナはモスレム人の国だ、という考えがモスレム人たちにはあったのかもしれない。九二年三月、モスレム人たちは、数の力を恃《たの》んで、ボスニア・ヘルツェゴビナの独立を強引に国民投票にかけ、決めてしまった。

これにボスニア・ヘルツェゴビナに住むセルビア人は反発した。ボスニア・ヘルツェゴビナが独立国となれば、彼らは「本国」セルビア共和国から切り離され、独立国ボスニア・ヘルツェゴビナの中で、少数民族セルビア人として生きていくことになる。そして、最大民族モスレム人たちはボスニア・ヘルツェゴビナをモスレム人中心の国とし、自分たちを迫害するだろう。それはいやだ、というのである。

セルビア人たちはボスニア・ヘルツェゴビナ政府や議会から代表を引き上げた。クロアチア人もこれにならったため、残されたボスニア・ヘルツェゴビナ政府は、三民族共同の政府から、ほぼモスレム人だけからなる政府に変質した。アメリカを訪問した外務大臣シライジッチは、この「モスレム人」であり、所属していたのはこの「モスレム人による政府」である。そして、その敵セルビア人は、人口ではモスレム人より少なかったものの、軍事的には隣の「本国」セルビア共和国の支援を受け、はるかに強大だった。セルビア人が力をもってモスレム人主導の独立国家の成立を阻もうとすれば、これを防ぐのは困難だった。

こうしたことから、ボスニア・ヘルツェゴビナ政府は、ボスニアに戦火が及べば、その紛争を「国際化」すること、つまり可能な限り、他の国々、できれば力のある西側先進国を主体とした国際社会をこの紛争に巻き込み、味方につけることによってセルビア人たちの軍事力に対抗する、という方針をあらかじめ決定していたのである。

この決定が正しかったと言えるかどうかはわからない。なぜなら、その後四年近くにわたる紛争で、数十万もの市民が命をおとし、ボスニア・ヘルツェゴビナの地に今も消え去ることのない民族間の憎悪が残ったからだ。だが、少なくとも、圧倒的な優位にあったセルビア人の軍事力を、西側先進国の力を使って相殺する、という目的は果たしたと言える。その意味で、この時のボスニア・ヘルツェゴビナの首脳は、優れた洞察力とアイディアを持っていたと言えるだろう。

では、いったいどうすれば、国際社会をボスニア紛争に巻き込むことができるのか？

「これから、一つでも多くの国を訪問し、一人でも多くの首脳と話して彼らを説得してきてほしい」

それが大統領イゼトベゴビッチのシライジッチ外相への命令だった。

シライジッチは、この大統領の意を受け、まずヨーロッパで数ヵ国を回った後、国連本部のあるニューヨークに渡っていたのである。

その間、事態はさらに切迫している。

シライジッチがアメリカに渡る直前、サラエボで起きた市民平和デモへの発砲事件がきっかけとなり、セルビア人とモスレム人の間の戦闘が連続して発生、本格的な内戦状態へ突入していた。

ニューヨークで期待どおりの成果をあげることができなかったシライジッチは、アメリカ政府に直接働きかけるため、首都ワシントンを訪れた。

ボスニア・ヘルツェゴビナ政府には、当時ワシントンに大使館もなければ、一人の外交官も存在しなかった。シライジッチは、ワシントンに着くとすぐ、アメリカ人の人権活動家、デビッド・フィリップスに電話した。頼るべき人間として、思いつくのは彼しかいなかった。

フィリップスは電話を受けたときのことを今も鮮明に記憶している。

「シライジッチに『今、どこから電話しているんだ』と尋ねたら『電話ボックスからだ』と答えたんだ。彼には一人の部下も仕事をする場所もなかったようなので、『それなら、私のオフィスにきたらどうだ。臨時のボスニア大使館のように使ってくれてかまわないよ』と答えたんだよ」

フィリップスは、現在ニューヨークのマンハッタンにある最高級コンドミニアムに自宅兼事務所を構えている。コロンビア大学の講師という肩書きだ。百平方メートルを越す彼の部屋を訪ねると、壁一面に、世界のさまざまな国の政治家と一緒に収まった写真が貼られている。日本の政治家では、羽田孜氏との写真が飾られている。フィリップスは各国の政治家や、国務省や国連の役人にコネをもち、その間をつなぐコーディネーターのような役割を果たしている。当時はワシントンにいてバルカン問題に関心を持ち、現地に何度か足を運んでいた。サラエボに行ったこともあり、その時シライジッチと会っていたのだ。その縁でフィリップスは、ワシントンでのシライジッチの行動をさまざまな形でサポートした。

四月十四日、シライジッチ外相は、アメリカ国務長官、ジェームズ・ベーカーと国務省で会談することに成功した。この会談は、ボスニア・ヘルツェゴビナのその後の運命を決定づけるものになった。

ベーカー長官は、会談の中でシライジッチに魅了されたことを、自身の回想録『The Politics of Diplomacy : Revolution, War and Peace』に綴《つづ》っている。

「『セルビア人たちは、無辜《むこ》の市民を動物のように殺しているのです』そう訴えるシライジッチ外相のソフトな語り口に、思わず私はひきこまれた。その率直な言葉は、他のどんな外交上の美辞麗句より雄弁に、ボスニアの人々が直面している苦しみを物語っていた」

ゆっくりと、しかし淀《よど》みなく、正確な発音と文法で語られるシライジッチの英語は、明らかに外国人が後天的に身につけたものとわかるとはいえ、いやそれだからこそ、その完璧さに英語を母国語とする者は驚いた。そのトーンはあくまで落ち着いていて、決して声を高めることはなかった。そのことがかえって、ボスニア・ヘルツェゴビナの運命の悲劇性を際だたせていた。

ベーカー長官は、シライジッチの言葉に感動した。

そしてベーカー長官は、一つのアドバイスをシライジッチに与えた。

「私はタトワイラー報道官を通じて、シライジッチ外相に、西側の主要なメディアを使って欧米の世論を味方につけることが重要だと強調した」

と回想録にある。

これは、シライジッチにとって、意外なアドバイスだった。

「タトワイラー報道官はさらに具体的なアドバイスをしてくれました」

シライジッチはそう記憶している。

「いま、ボスニア・ヘルツェゴビナには、CNNのクルーは入っているのですか？」

会談に同席していたタトワイラーはそう尋ねた。

タトワイラー報道官は、ベーカー長官の腹心の部下だった。単なるスポークスマンとしての役割だけでなく、長官のアドバイザーとしての役割を果たしていた。

タトワイラーは、私のインタビューに対して、「メディアを味方につけること」というベーカー長官のアドバイスの意図を解説している。

「アメリカには世界中から問題をかかえた国の外相がやってきて、助けてくれ、助けてくれと懇願します。そんなことは日常茶飯事なんですよ。でも、国民の世論のサポートなしに、いちいち彼らの頼みを聞いてやることはできません。国民が支持していないのにそういう国の救援に動くことは〝政治的な自殺〟といってもよい行為です。政府の外交政策は、議会によって監視されていますからね。議会は国民の世論が賛成しない政策には予算をつけません。そして、アメリカ国民に声を届かせるには、なにをおいてもメディアを通して訴えることなんです」

シライジッチ外相の語り口に感動したからといって、それだけで動くことはできない。アメリカ政府を味方にしたければ、米国世論を動かせ。世論を味方につけたければ、メディアを動かせ。それがベーカー長官のアドバイスだった。

会見が終わると、ドアの外にはアメリカの主要なメディアの記者たちがすでに集まっており、シライジッチはベーカー長官と並んで即席の記者会見を行った。それは、シライジッチがアメリカのメディアと本格的な会見をする最初の機会だった。この会見を仕切ったのは、国務省である。

ベーカー長官とタトワイラー報道官のアドバイスは、シライジッチに衝撃を与えた。シライジッチには、それまでメディア対策という意識はほとんどなかった。経験もなかった。シライジッチは、外相になるまで政治にたずさわったことはなく、サラエボやセルビア共和国にあるコソボ自治州の中心都市プリシュティナの大学で、ずっと歴史学を教えていた学者だった。

「私がメディアとかかわる仕事をするなど、夢にも思っていませんでしたよ。テレビや新聞との会見なんて、自分から最も離れた世界の出来事だと思っていました」

そのとき、シライジッチの頭に、子供のころに聞いたボスニア・ヘルツェゴビナのことわざが浮かんだ。

「泣かない赤ちゃんは、ミルクをもらえない」

というものだった。

国際社会に振り返ってもらうには、大きな声を出さなければならない。そして声の出し方にはさまざまなテクニックがあるらしい、ということをシライジッチは知った。

だが、国務省はそれ以上、手取り足取りシライジッチにPR対策を指導するほどお人好しではなく、暇でもなかった。シライジッチに与えたのはあくまでヒントにすぎなかった。

五月に入ると、ボスニア・ヘルツェゴビナの首都サラエボは、セルビア人の武装勢力に完全に包囲された。街をとり囲む高台には重火器が据え付けられ、街を無差別に砲撃し、連日市民が犠牲になっている。

シライジッチは、再びヨーロッパにわたり、各国首脳と会談を繰り返してボスニア・ヘルツェゴビナ救援を懇願したあと、アメリカに戻ってきた。しかし、世界を動かす国際世論のうねりがおこる気配はなかった。

「これ以上、国務省が私たちのために、次の会見を開いてくれるのを待つわけにはいかない」

決心したシライジッチは、再び人権活動家フィリップスに相談した。

「シライジッチには、PR戦略の専門家が必要だ」

そう思ったフィリップスの頭に浮かんだのは、ジム・ハーフという男だった。

第二章　ＰＲプロフェッショナル

ジム・ハーフ。
彼のPR戦略が、ボスニア紛争の勝敗を決したと言っても過言ではない

ジム・ハーフは、今ではルーダー・フィン社から独立し、自分自身が経営するPR企業の事務所をワシントンの中心部、マクファーソン・スクエアに面した最高級のオフィスビルに構えている。ホワイトハウスまで三ブロック。『ワシントン・ポスト』紙の本社へは四ブロック。その他ワシントンの主要官庁、主なメディアのほとんどへ歩いて行ける距離だ。

ビルのエントランスのぴかぴかに磨かれた床を踏みしめ、厳しいまなざしで出入りする人間をチェックするいかついガードマンに、アポイントメントがあることを告げる。エレベーターに乗り三階で降りて右手に進むと、ハーフがCEO（経営最高責任者）を務める「グローバル・コミュニケーターズ社」のドアの前に達する。

重厚な木製のドアの周囲にベルのボタンはなく「ご用の方はノックしてください」と素朴なメッセージがかかげられている。鍵《かぎ》はかかっていない。ビルの警備に完全な信頼がおけるからこそできることだが、訪問したクライアントに警戒心を抱かせない、フレンドリーな雰囲気を演出することが、ハーフにとってすでにPR戦略の始まりなのだ。

ドアをノックすると、マヤという名の、年の頃四十前後、かわいいおばさんの秘書が案内してくれる。彼女の英語は完璧だが、生まれはブダペストのハンガリー人だ。母国の国民性でもある、とても家族的なホスピタリティを持っている。それがオフィスの雰囲気をさらに和やかなものにしている。

ドアが開け放たれ、したがって中の様子が丸見えのスタッフの個室を左右に三つほど眺めながら廊下を進むと、つきあたりにもう一つ開けられたドアがあり、そこがハーフの部屋だ。
ハーフは、身長百八十センチ弱。金髪で、いつもきちんとしたダーク系のスーツを着こなしている。年齢は五十九歳。まず相手の話をじっくり聞いてから、慎重に言葉を選んで答えるタイプだ。ソフトな人あたりで、いつも胸襟《きょうきん》を開いてコミュニケーションをとる準備を整えている。そのことが、口八丁手八丁の人物が多いPR業界にあって、ハーフの人となりを際立たせ、信頼感を生んでいる。

ハーフのビジネスは世界に広がり、スイス政府、ドイツのハンブルク市、ブラジルの飛行機メーカー、アルバニアの実業家、そしてヨルダン政府などのPRを引き受けている。私の取材の直前にあったヨルダンのアブドラ国王の訪米では、常にそばに付き従い、記者会見などメディア対応の仕切りはもちろん、国務省やホワイトハウスとの連絡をとりもった。さながらヨルダン政府の在米大使館のスタッフのような仕事ぶりだ。そのモットーは、「週七日、一日二十四時間の対応」。私も日曜日にインタビューしたことがあったが、そのときは家族旅行を切り上げて事務所に戻り対応した。

「相手が望むなら、土曜や日曜でもいやな顔をせずに仕事をするのは、PRの世界では必須の条件です」

自らの信条をハーフはそう解説している。

ニューヨークでPR業界向けに発行されている週刊専門誌『オドワイヤーズ』の主任編集者ケビン・マッコーリーが、

「国家や政府をクライアントとする例は、ハーフ氏の前にもありました。しかし、それがPRの業界で、一つの分野として確立したビジネスになることを実証して見せたのはハーフ氏の業績です」

と評する彼の能力を証明するように、部屋の片隅には、ハーフがボスニア・ヘルツェゴビナ政府との仕事で受賞した「一九九三年度、シルヴァー・アンビル賞（全米ＰＲ協会主催）」の高さ三十センチほどのトロフィーがおいてある。

同時にハーフは、ユーゴスラビア連邦当局から「ペルソナ・ノン・グラータ（好ましからざる人物）」の指定を受け、国内への立ち入りを拒絶されている。それは、セルビア人を世界の孤児に仕立て上げた男、と彼らに見なされているからである。

人権活動家のフィリップスがハーフを思い浮かべたのは、そうしたハーフの仕事ぶりへの信頼感からだけではなかった。フィリップスが前年にバルカンを訪れた頃、ちょうどハーフもクロアチア政府との仕事で現地を訪れており、顔を合わせる機会があった。そうしたことからハーフがこの地域に関するＰＲ業務について知識とノウハウを持っていると考えたからだった。

シライジッチ外相は、四月のベーカー国務長官との会談の後、イギリスやポルトガルなどヨーロッパ各国を訪問し、五月半ばにアメリカに戻ってきた。ハーフとシライジッチの初めての会合は、五月十八日、ワシントンのメイフラワーホテルで行われた。メイフラワーホテルは、イギリスからアメリカへの有名な移民船からとったその名が示しているとおり、首都ワシントンで最も伝統のあるホテルだ。ホワイトハウスの西にあり、高級ブティックやレストランが並ぶ繁華街、コネチカットアベニューに面している。モーニングコールを頼んでおくと、翌朝電話ではなく、ベルボーイがコーヒーを持ってきて、ドアをノックしてくれる、といういたれりつくせりのサービスで有名だ。そのわりには、宿泊料に割安感もある。その後、このホテルはシライジッチのワシントンでの常宿となった。

待ち合わせ場所は、エントランスを入ってすぐ左側のラウンジだった。ホテル自慢の重厚な雰囲気につつまれた吹き抜けのロビースペースに、シライジッチはブリーフケース一つを持ってあらわれた。

ハーフは驚いた。たった一人でやってきたこの中年になるかならないかの男が、一国の外務大臣とは思えない。実際シライジッチは若く見えた。本当の年齢は四十六なのに、三十代のようだった。だが、その態度は尊大だった。

「ボスニア・ヘルツェゴビナ政府は、ルーダー・フィン社の力を借り、民主主義の手続きに則って独立を決めたわが国が、セルビア人の武力による脅迫に決して屈しないことを世界に示したいと考えている。ぜひ協力してほしい」

ハーフがシライジッチを助けるのは当然だと思っているような口ぶりだった。

ハーフは、話を聞きながらシライジッチの英語力を冷静に観察していた。その語学力が強力な武器となることは明らかだった。シライジッチは、学生時代アメリカに留学したことがあり、英語はそのとき身につけていた。さらに歴史学の大学教授だったことから数多くの書物に親しみ、語彙《ごい》はきわめて豊富で知的だった。標準的なアメリカ人よりはるかに気の利いた英語の表現を駆使することができた。

さらに都合がよいのは、シライジッチの語りは短いセンテンスで構成されており、区切り目が明確だということだ。通常こうした著名人の発言が国際ニュースで流れるとき、数秒から長くても十数秒の単位で短く編集されてしまう。その一つ一つの発言の塊を「サウンドバイト」と呼ぶ。ところが人によっては、話す言葉のセンテンスが長く、区切れがないため、短かく編集することが難しい場合がある。こうした人のコメントはテレビのニュースとして使いにくいため、おのずとテレビ局に嫌われ、ニュースに登場する機会も減る。

「シライジッチの言葉はサウンドバイトにぴったりでした。それは、情報戦争を戦ううえで、有利このうえないことでした」

ハーフは、そう証言している。

シライジッチはさらに続けて、

「ボスニア・ヘルツェゴビナの窮状を世界に、そしてアメリカに訴え、またセルビア人の野蛮な行為を世界に知らせなければならない」

と、ベーカー長官に対したときと違い、独演会さながらにまくしたてた。

ハーフは、シライジッチが、スポークスマンとしてうってつけの素質を持っていると見てとった。シライジッチは、聞く者にあわせて、その関心を引きつける表情を作る才能を持っている。怒りをストレートに表現すべきときは激情を、また、悲しみを物語るべきときは静かな悲嘆を、その端正な顔にうかべることができるのだ。

なかでも効果的なのは、微笑の仕方だった。一つのパラグラフを語り終えた後、一呼吸をおいて、にこっと微笑む。その表情は悪魔的でさえあった。女性、それもある程度以上の年齢の女性には非常に大きな効果があった。これは、アメリカでは実際上の効果も十分に見込める利点だ。アメリカ社会の一流ジャーナリストや、高級官僚には女性が多い。彼女たちが大きな社会的影響力を持つ場合もある。ある著名な女性ロビイストは、一通りインタビューが終わったあと、

「ハリスって、とてもハンサムよね。あの眼で見つめられるとどうしようもないのよ」

夢見るような目つきでそう付け加えた。

そうしたことが、どれほど実際の国際政治を動かしたかを計測することは困難だ。だが、『ワシントン・ポスト』紙のある高名なコラムニストは、

「シライジッチが多くの女性ジャーナリストを味方にしたので、西側メディアの論調はボスニア・ヘルツェゴビナに有利に傾いたという面もたしかにある」

と真剣に指摘している。

さらに、明らかにシライジッチはナルシストだった。

シライジッチが自分自身の姿に酔い、言葉に酔っていることは、彼と直接言葉をかわしたことのある人間なら感じ取ることは難しくない。それは、数多くの記者の矢継ぎ早の質問を受け、テレビカメラとマイクのプレッシャーに常にさらされるスポークスマンにとって、必須の性格でもあった。

ハーフは、シライジッチに言った。

「まず、ここワシントンで、記者会見をやりましょう」

各有力紙やテレビネットワークの国際ニュースは、国務省担当記者がカバーすることが多い。彼らは国務省のあるワシントンにいるのである。シライジッチにも異存はなかった。

やるからには、一刻も早く行うべきである。記者会見は翌日、五月十九日にセットされ、数時間後には各メディア向けの招待状兼案内状が用意された。そこには、流血の惨事が続くサラエボから、ボスニア・ヘルツェゴビナの外務大臣が最新のニュースを携えてやってきたこと、そし

て、シライジッチの英語が堪能だと強調されている。ボスニア・ヘルツェゴビナ外相シライジッチというキャラクターそのものをニュースにすること、それがこの会見の戦略だった。案内状はただちにファクスで内外二百以上の報道機関に送られた。

一方、ニューヨークのルーダー・フィン本社では、ワシントンでのハーフとシライジッチの会合に先立ち「倫理委員会」が開かれ、ボスニア・ヘルツェゴビナ政府からの依頼を受け、契約を結ぶことを認める決定をしていた。

ニューヨークの本社は、マンハッタンの東寄り、三番街に面した国連本部からほど近いビルの一階から四階を占めている。

創設者で、現在もCEOのデビッド・フィンはすでに八十歳を越える老人だが、脳の活動はシャープそのものだ。話をしていてもよどみはまったくなく、こちらの言うことに矛盾があればすかさず指摘する。フィンはモダンアートの芸術家としても名をなしていて、社長室のあちこちに、針金を丹念に折り曲げて人間の形にした作品がおいてある。その人脈は幅広く、現国連事務総長のコフィ・アナンは親友である。そして、デビッド・フィンを語る際に避けて通れないのが、彼がユダヤ人である、という事実だ。フィンはそのことを誇りとし、公言し、アメリカのユダヤ人社会のために尽くす活動に参画してきた。そして、全米のユダヤ人を束ねる多くの組織の役員をつとめ、経済的な援助も行ってきた。

そうした社会活動に熱心なだけに、自らの会社、ルーダー・フィン社の活動の倫理的な問題についてはきわめて慎重だ。たとえば、ルーダー・フィン社は民主党や共和党など、アメリカ国内の政党をクライアントとすることを禁じている。

「社内には、個人のレベルで民主党の支持者もいれば、共和党の支持者もいるだろう。その彼らが仕事とはいえ、違う政党のためのビジネスをしなくてはならないとしたらそれは私の流儀ではないんだよ」

とフィンは語っている。

多くのPR企業が、アメリカ国内の政党の政治活動に関するビジネスで莫大《ばくだい》な利益を上げていることを考えれば、これはかなりの決断だ。

そのフィン自慢のシステムが、国際紛争に関する依頼など、倫理的に複雑な事情のあるビジネスにかかわるときに開かれる「倫理委員会」だ。社内の最高幹部と社外の有識者をメンバーとし、個別の案件を審査する。

たとえば、この前年、クロアチア共和国からの発注を受けたとき、大統領ツジマンの過去が問題となった。ツジマン大統領は第二次世界大戦のときナチスの協力者だった、という噂があったからだ。この噂が事実なら、ユダヤ人社会の有力者、フィンにとってその依頼を受けることは絶対にできない。このときは倫理委員会での調査と議論の末、ツジマン大統領は実際には反ナチスの立場で行動し、その結果ナチスの傀儡《かいらい》政権によって投獄されたこともあるという結論が出たため、クロアチアとのビジネスが認められたのだ。

「ボスニア・ヘルツェゴビナ政府の仕事を受ける前にも、現地の状況を知るジャーナリストや研究者から話を聞き、倫理委員会にかけて、モスレム人が真の被害者であるとの確信を持ったうえで、仕事を引き受ける決断をした」

フィンはそう語り、ボスニア紛争にかかわる仕事に倫理的な問題はなかったと主張する。そのように、フィンが倫理面での慎重さを再三強調するには、もう一つ理由がある。

それは、ボスニア・ヘルツェゴビナ政府との仕事が始まる二年前、一九九〇年におきた湾岸危機にまつわる、あるPR企業の醜いスキャンダルだ。

その主人公となったのは、クウェート政府と、大手PR企業ヒル&ノールトン社だった。

一九九〇年八月二日、隣国イラク、サダム・フセイン大統領の軍隊の奇襲を受けたクウェートは、全土を一日で制圧された。圧倒的なイラクの軍事力の前に、亡命政権をつくり抵抗を試みるクウェート政府が、在米のクウェート人団体を通じ多額の資金を払ったのがこの企業だった。

イラクのクウェート侵攻から二ヵ月後。米議会下院の公聴会で一人のクウェート人少女が証言席に立った。十五歳というその少女の名は「ナイラ」。奇跡的にクウェートを脱出し、アメリカに逃れてきたというナイラは、その眼で目撃した世にもおぞましい出来事を語った。

「病院に乱入してきたイラク兵たちは、生まれたばかりの赤ちゃんを入れた保育器が並ぶ部屋を見つけると、赤ちゃんを一人ずつ取り出し、床に投げ捨てました。冷たい床の上で赤ちゃんは息を引き取っていったのです。本当に恐かった……」

この議会証言は全米のメディアを通じて報道された。当時大統領だったジョージ・ブッシュも、この証言についてのコメントを発表した。

「心の底から嫌悪感を感じる。こうした行為を行う者たちは、相応の報いを受けることをはっきり知らせてやらなければならない」

だが、ナイラの証言は、仕組まれた情報操作だった。

ナイラは、ずっとアメリカにおり、クウェートには行っていなかった。それどころか、彼女は在米クウェート大使の娘だった。そして病院の保育器のストーリーはヒル＆ノールトン社によって演出されたものだった。

このことは、湾岸戦争終結後、『ニューヨーク・タイムス』紙によって発覚した。さらに三大ネットワークの一つ、ＡＢＣの看板報道番組『20／20』と『60ミニッツ』が特集を組み、事の次第が暴かれて、ヒル＆ノールトン社のスタッフが苦しい弁解をする様子が放送された。

クウェート政府とヒル＆ノールトン社には、ダーティなイメージが残った。

もともと、イラクによるクウェート侵攻の不当性は、誰の目にも明らかだった。また、莫大《ばくだい》な原油を埋蔵するクウェートの安全保障がアメリカの国益に致命的な影響を与えることも自明のことだ。そうした状況下にあって、策略を巡らせたストーリーを用いてＰＲ戦略を行う必要はなかった。どうしてもそういうストーリーが欲しければ、丹念に現地からの情報を洗い出す努力をするべきだった。そうすればイラク兵の残虐行為の実例は見つけられたかも知れない。だが、ヒル＆ノールトン社は、手近にいたクライアントの関係者の娘を使うという安易な方法をとった。その結果、ＰＲ業界そのもののイメージも大きく損なわれた。金のためには事の真偽は問わずどんなことでもする奴ら。そういう印象がＰＲ業界に対してもたらされた。こうした経緯を熟知しているフィンＣＥＯが、倫理の問題について敏感になるのは当然だったのだ。

私はルーダー・フィン社の肩を持つ立場にないが、彼らがボスニア・ヘルツェゴビナに関するビジネスで、クライアントのために「無から有を生む」でっちあげ工作にかかわった形跡はない。フィンもハーフも、そうした安易なやり方には大きなリスクがあることを知り尽くしている。ルーダー・フィン社の手法はもっと洗練されている。明らかな不正手段を用いずに最大の効果をあげるという、巧妙なプロフェッショナルの仕事である。紛争当事者の片方と契約し、顧客の敵セルビア人は極悪非道の血も涙もない連中で、モスレム人は虐《しいた》げられた善意の市民たち、というイメージを世界に流布することに成功する。そのうえで、「私たちは、モラルを最も重視しています」と言い続けることができる。それが彼らのPRビジネスの神髄である。

その第一歩が、五月十九日、ワシントンのナショナルプレスクラブで開いたシライジッチの記者会見だった。だが、その第一歩は必ずしもハーフの思ったとおりのものにはならなかった。

第三章　失敗

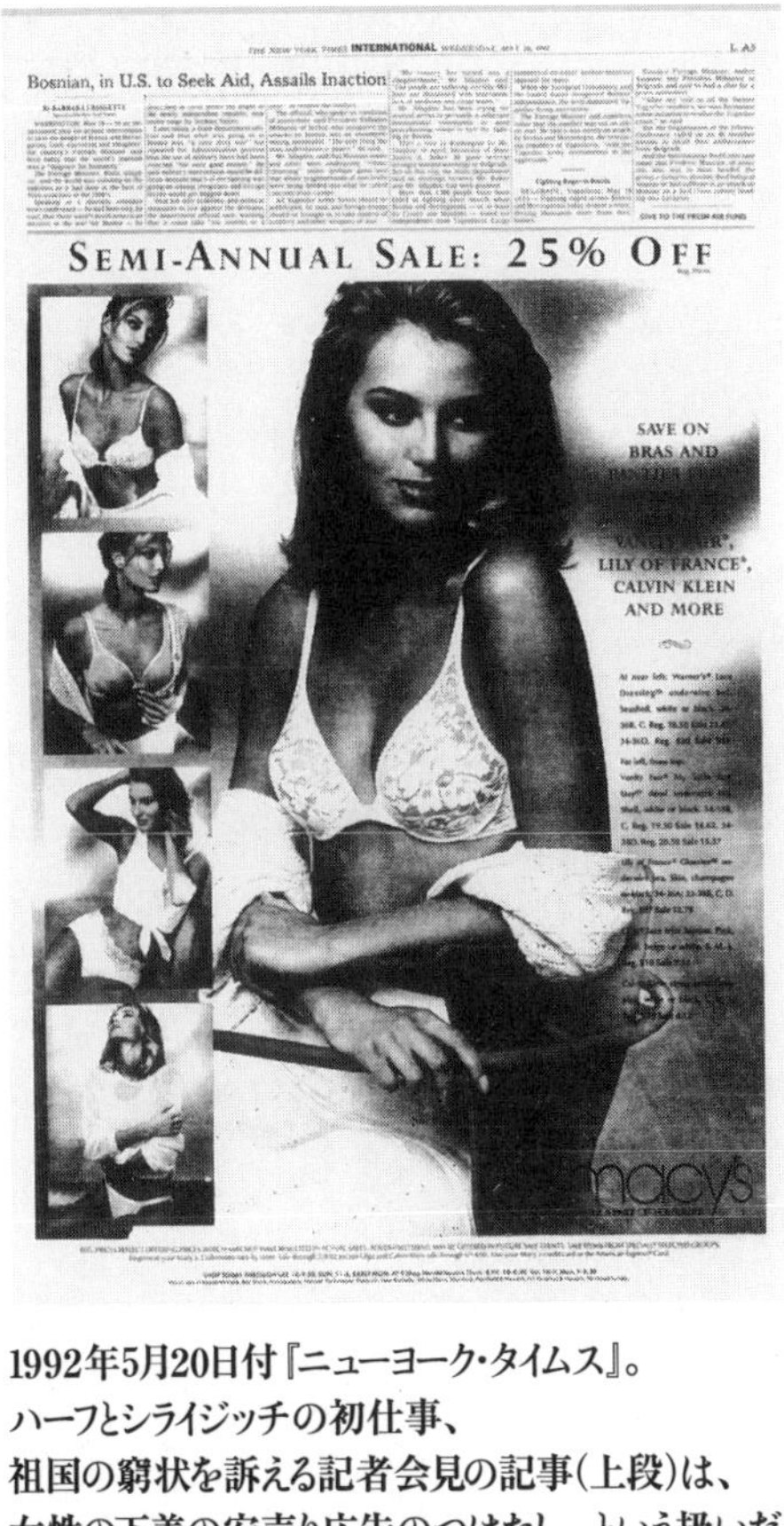

1992年5月20日付『ニューヨーク・タイムス』。
ハーフとシライジッチの初仕事、
祖国の窮状を訴える記者会見の記事（上段）は、
女性の下着の安売り広告のつけたし、という扱いだったワシントンDCにあるハーフの事務所のロッカーには、今もボスニア紛争に関わるビジネスの資料を綴《と》じた分厚いファイルが並んでいる。現在ハーフは独立して自分のPR企業を経営しているが、ルーダー・フィン社を退職したとき、フィン社長にファイルの持ち出しを願い出て許可されたのだ。ハーフの今があるのはこのボスニア・ヘルツェゴビナ政府との仕事のおかげだ、という愛着があるのと同時に、今もバルカン地域でのビジネス拡大を考えていて、いつこれらの資料を参照することになるかわからないからである。

ファイルには、当時世界各地に飛んでいたスタッフに出した指令のファクス、顧客であるボスニア・ヘルツェゴビナ政府に提出した活動報告書、各国政府との間に取り交わされた外交文書、シライジッチ外相やイゼトベゴビッチ大統領の演説草稿などが収められている。そのすべてが外部の目に晒《さら》されるのは、今回が初めてだ。この文書の分析を通じて、ハーフがボスニア・ヘルツェゴビナ政府の要求にこたえるため、どのようなPR戦略をとったのかが鮮やかに浮かび上がってくる。

シライジッチ外相とハーフが初めて会った一九九二年五月十八日。シライジッチは大きな不安にさいなまれていた。

シライジッチはその数日前、ヨーロッパからアメリカに来ていたが、四月にベーカー長官と会談したときと比べ、国務省の態度は冷たくなっていた。シライジッチは、国連によるサラエボへの食料や医薬品の輸送を、アメリカが軍事力を動員して護衛するように要望していた。しかしシライジッチのメッセージを聞いた国務省の官僚は、

「軍事力を使うなど問題外だ。ボスニア・ヘルツェゴビナにはとくにこれといったアメリカの国益はない。アメリカ国民はそうした地域に軍事力を投入する政策を支持しないだろう」

と伝えてきた。シライジッチは、再びベーカー長官と会談し、直談判して国務省を動かそうと考えたが、会談の是非について国務省からの返事はなかった。

動きの鈍いアメリカ政府をその気にさせるにはどうすればよいか？　その答えはベーカー長官自身が教えてくれていた。まずメディアを動かすこと。しかし時間がない。シライジッチは、二十一日の夜には国連総会出席のためニューヨークに、その二日後には国際会議出席のためポルトガルのリスボンに発つことになっていた。それまでにワシントンにいるベーカー長官との会談を実現できるだろうか？

シライジッチの記者会見が開かれたナショナルプレスクラブ（NPC）は、全米の有力ジャーナリストたちの互助組織だ。百年近くの歴史をもち、現在はホワイトハウスから東に二ブロックの場所に、近代的な本部ビルを構えている。記者会見場や、会員が情報交換をするレストランやバー、ホテル、スポーツジム、専門店街など、ここで丸一日を過ごすことも十分にできる設備である。

NPCの活動の目玉は、週に二、三回開催される「ニュースメーカー（Newsmakers）」というタイトルの記者会見だ。有力紙や、テレビネットワークの記者がこぞって集まり、スピーカー、つまり発言者のコメントは、その日や翌日大きく取り扱われる可能性が高い。しかし、ここで会見を開きたいと望んでも、「ニュースメーカー」のスピーカーになることはそう簡単ではない。スピーカーはその時々の国内外のニュースの焦点となっている人物をNPCが厳選するからた。

だ。たとえば日本人の最近の例としては、緒方貞子前国連難民高等弁務官が呼ばれている。

ハーフは、シライジッチが記者会見を開く場所として、このNPCが最も効果的だと判断した。

ハーフは、その人脈の中からNPCのスタッフに連絡をとった。

「サラエボから、今外務大臣が来てるんだよ。内戦で大変なことになっている話、聞いているだろう。彼は英語は完璧だからね。通訳はいらないよ。それから、ガリ（国連事務総長）に出した手紙の中身も公開していいと言っているよ」

ハーフのテクニックの一つに、クライアントが他の国の政府や国際機関に出した公式書簡のコピーをそのまま会見で公開する、という方法がある。それは生の外交文書を入手できるという、メディアから見てこのうえなく魅力的な機会となる。

「こつは、クライアントが手紙を出したらなるべく早く公開すること。ただし、最も注意すべきことは、相手が読んだことを確認してから公開することです。相手が読む前にメディアがその内容を知ったのでは、相手が怒ります。その条件さえ守れば、とても有効なテクニックです」

もちろんハーフは、公開するほうが有利と判断したものを選んで公開するのだ。だから、ハーフのロッカーに残っている手紙の中には、公開されていないものが多くある。しかし、一部でも公開することによって、メディアの注目をあびることができるのである。

ハーフは、首尾よくシライジッチのNPC会見をセッティングした。

ボスニア・ヘルツェゴビナの外相の会見が行われるというニュースは、NPCからもメディアに知らされる。ハーフはさらに、独自のプレスリリース（メディア向けに配布する文書）を作成し、ワシントン中のメディアにばらまいた。一人でも多くのジャーナリストに会見場に足を運ばせるためだった。

「当時はまだ電子メールがない時代でしたから、ファクスが最も効率的な方法でした。私たちの武器は〝同時ファクス送付システム〟、つまり、数百ヵ所に同じ文面のファクスをいっせいに送れる特殊なファクスマシンでした」

そのファクスマシンに当時登録されていた発信先リストが今も残っている。テレビの三大ネットワークや『ニューヨーク・タイムス』など有力新聞、APなどの通信社には、国際ニュース担当者宛、そしてまた報道局長宛と、各社の会社組織の要所要所、数ヵ所ずつに送られた。さらに、各メディアの有力記者やコラムニストの個人ファクス番号は別に登録されている。大きなメディアでは、社内各部署の横の連絡、縦の連絡が少ない場合も多い。だから一社につき何ヵ所もの相手先に連絡することが有効だ。そのすべてに、担当者の個人名が記載され、送ったファクスが必ず特定の誰かの目に留まるように配慮されている。会社や部署名だけの宛先では、せっかく送ったファクスもゴミ箱行きとなる。情報の送り先として、各社を動かすことができるキーパーソンを何人把握しているかがPR企業の腕の見せ所だ。しかもそのリストは頻繁な人事異動にあわせて常に更新されていなくてはならない。

ファクス送付先リストには、ほかにシカゴやロサンゼルスなど地方のメディアのワシントン事務所や、ヨーロッパを中心とする海外のメディアの名前も並んでいる。数分のうちにこれら二百以上の送り先に、シライジッチ記者会見の案内状が送られた。

会見では、まず公式ステートメントを読み上げ、次に記者の自由な質問に答える時間をとることにした。公式ステートメントは、ハーフのアドバイスによって作られた。

この会見はシライジッチとハーフの初会談の翌日に行われた。だからメディアに対する話し方を、ハーフが細かく指導する時間はなかった。しかし、限られた時間の中で、ハーフは、一つの重要なアドバイスをすることを忘れなかった。それは、記者会見では必ず「数項目のポイントを立てた新提案を行え」ということだった。これは、会見のニュース価値を高めるこつだった。これを聞いた記者は、たとえ記者会見の中身が新味に乏しくても「誰々は、今日○項目の新提案を行った」という記事を書くことができる。このことによって何か新展開があるように見え、記事の占める面積も大きくなる。記事が載る場所も国際面のトップに近づき、他に大ニュースがなければ一面に昇格するかもしれないのだ。

この日も、急遽《きゅうきょ》シライジッチは「四項目の新提案」をすることになった。サラエボを国際的に認められた安全地帯にする、ユーゴスラビア連邦軍のボスニア・ヘルツェゴビナからの撤退、すべての重火器の撤去、国際監視団の派遣という四項目である。すべてこれまでにシライジッチが主張したことのある内容の繰り返しだったが、会見の席で一つずつ、提案一、二、三と読み上げることによって、説得力を増した。事実、いくつかのメディアは、シライジッチの「四項目提案」を記事で紹介している。

最後の仕上げは、プレスキットの作成だった。シライジッチの経歴、公式ステートメントの内容をプリントアウトした紙、シライジッチが国連事務総長に出した手紙のコピーなどの資料である。こうしたものは、すべて記者が記事を書くときの材料になる。記者からすれば、たとえば公式ステートメントを印刷したものがなければ、シライジッチの発言を録音したテープを聞き直さなければ正確な記事は書けない。それはとても時間がかかるし、面倒なことである。記者も人間である以上、そうした面倒くささが、シライジッチの今後の会見から足を遠のかせることにつながりかねないのだ。

「あらゆる面で気をつかい、記者の皆さんが不自由なく仕事ができるよう取りはからうことが、最も大切なことなのです」

とハーフは語っている。

初仕事となった、シライジッチのNPCでの会見に向けて、準備の時間は短かったものの、ハーフはPRのプロとして十分な手際のよさを示した。

だが、十九日午前十時、記者会見場にはハーフの期待を裏切る光景があった。

会見場として用意された「1st. Amendment（憲法修正第一条＝言論の自由について規定している）room」と呼ばれる部屋には六十人ほどの記者が着席できるパイプ椅子が用意されていた。

開始の時間がきた。だが、いっこうに席が埋まる気配はなかった。三分の二は空席だ。

出席社としてサインを残したメディアは十八社。ハンガリーからの二社など、地理的にボスニア・ヘルツェゴビナに近いヨーロッパのメディアのワシントン特派員が半分を占めていた。逆にアメリカ三大ネットワークの一つCBSと、有力新聞の代表、『ワシントン・ポスト』の記者の名前がなかった。これは、米国メディアの論調を形作るうえで大きな痛手だった。もちろんハーフは、彼らのもとにも案内状を送っていたのだ。

開始予定時間が来た以上、会見を始めなくてはならない。

プレスキットを一通り配り終わったハーフは、

「ボスニア・ヘルツェゴビナ外務大臣、ハリス・シライジッチが今から記者会見を開きます」

と言って会見をスタートさせた。

そのときの会見の映像を見ると、シライジッチの表情が硬く見える。記者会見は四月のベーカー長官との会談のときにも経験していたが、そのときは長官が隣にいた。今回は、慣れない単独記者会見に緊張していたということもあるだろう。だがそれだけではなく、記者の集まりが悪いことに対する失望と怒りがあった。シライジッチは、アメリカ人のボスニア・ヘルツェゴビナ情勢に対する関心の低さが問題だと発言し、目の前に居るアメリカ人記者に不満をぶつけた。

PRのプロから見れば、目前の記者に不満をぶつけるのは賢明な方法ではなかった。ここにいるのは足を運んでくれている記者たちなのだ。むしろ感謝しなくてはならない。しかし、演壇でしゃべり続けるシライジッチを遮《さえぎ》り、注意を喚起することもできない。そのかわり、ハーフは会見場を冷静に観察した。集まった記者、とくにアメリカ人の多くが、ボスニア・ヘルツェゴビナについての基礎知識をまったく欠いていることがハーフには分かった。

「『ボスニア・ヘルツェゴビナっていったいどこにあるんだい？　サラエボはどこにあるの？』と聞いてくる人がいる始末でしたからね。アメリカ人記者の多くは、ボスニア・ヘルツェゴビナの場所さえ知らなかったんですよ」

サラエボでは一九八四年に冬季オリンピックが開かれていた。多くのアメリカ人記者にとってボスニア・ヘルツェゴビナやサラエボについての知識とは、それがすべてだった。モスレム人支持、セルビア人非難という論調をメディアの中に作るためには、まず記者たちのボスニア・ヘルツェゴビナに対する無理解、無関心という大きな壁を乗り越えなければならないことをハーフははっきりと認識した。それが、この一回の記者会見だけで解決できる問題ではないことは明らかだった。

「この会見の後からは、プレスキットにまずボスニア・ヘルツェゴビナの場所を示す地図を入れることにしましたよ」

ハーフは笑いながら振り返る。まずそのことに気づいたのが、この記者会見の最も大きな収穫と言ってもよかった。

それでもいくつかのメディアが、この日の模様を伝えた。『ニューヨーク・タイムス』紙は、国際面の最後のほうの記事だった。そこには、

「まばらにしか席の埋まっていない記者会見場に向かって、シライジッチ外相は情熱的に語った」

とあった。その記事が掲載されたページは、ほぼ九割の面積を広告が占めていた。まるで広告のついでに記事があるような扱いだった。しかもその広告は女性用の下着の安売りの広告で、胸をはだけ、ブラジャーを見せている女性モデルの巨大な写真が素晴らしいインパクトで目を引いていた。流血の惨事に苦しむボスニア・ヘルツェゴビナの救援を訴える外相の記事とのコントラストは、皮肉としか言いようがなかった。

そして、通信社のロイターは、

「ベーカー国務長官は、ボスニア紛争が解決不可能な状況に陥っているとみて、この問題から手を引こうと考えている。シライジッチ外相と会談する意思があるかどうかもわからない」

という観測を伝えた。

NPCでの記者会見がモスレム人支持の論調を巻き起こす兆候はなかった。

だが、シライジッチは会見が終わった後も、二日後にワシントンを発つ前にベーカー長官との会見を実現させたい、という希望をあくまで捨てなかった。ハーフは、クライアントの要請に応じてさらにいくつかの手段を講じた。

翌二十日、ベーカー長官宛に、シライジッチ外相の手紙がファクスで出された。それも朝と午後、一日に二度である。まず朝の書簡には、サラエボの窮状の報告とアメリカへの支援要請という、これまでも繰り返し述べてきた内容が書かれ、手紙の終わりには「今日と明日のどちらか、何時でもお会いしたいので連絡をお願いします」とある。

そして、午後出された書簡には、その日の朝、ボスニアから到着した最新情報が盛り込まれ、「先ほどお手紙を出したばかりですが、いましがた、ひどいニュースが現地から届いたのでふたたび手紙を出します」とあった。ボスニア・ヘルツェゴビナの工業都市、ツズラ市がセルビア人勢力の軍用機に爆撃され、大きな被害が出ているという。ボスニアとアメリカには六時間の時差があり、ボスニアのほうが時間が進んでいる。その日におきた事件の情報が首都サラエボにある大統領府に入り、それをアメリカのシライジッチに伝えるには時間が必要だったが、この時差を利用すれば、当日の情報を盛り込んで「緊急事態」を訴える書簡を書くことができた。

この書簡のポイントは、「環境に与える被害」を強調していることだ。ツズラには化学工場があり、有毒物質が河川に流出して環境問題を引き起こす可能性がある、というのである。「環境」は、アメリカ政府の琴線《きんせん》に触れる効果的なキーワードだった。現地では毎日人が撃たれ殺されていることを考えれば環境問題より殺戮《さつりく》を止めるほうが緊急の課題であるはずだ。それでも「環境問題」に焦点をあわせて訴えるのは、このキーワードに強く反応するアメリカ人を意識した戦略だった。

ハーフはさらに、可能な限りのあらゆる手をうった。

まず、このベーカー国務長官への手紙をコピーし、表書きをつけてそのまま三人の連邦議会の議員に送った。ヘルムズ上院議員、ファッシェル、ブルームフィールド両下院議員である。三人は上下両院で外交委員会に所属している。そのファクスの表書きには、

「あなたは、きっと私がベーカー長官に送った手紙の内容に強い興味をお持ちになると思いますので、ここにお送りします」

と書き添えられている。それは、ベーカー長官にプレッシャーをかけるための仕掛けだった。外交委員会は議会の立場から、国務省の外交政策を監視する立場にある。ベーカー長官がシライジッチ外相の手紙を握りつぶそうとしても、これらの議員が、

「長官は、サラエボ市民の虐殺に加え、重大な環境汚染の危険を知りながら座視した」

と騒ぎ出せば、困難な立場に追い込まれるかもしれないのだ。

さらに、この日ベーカー長官に送ったものとほぼ同じ内容の手紙が、赤十字総裁だったエリザベス・ドール、環境保護市民団体の大手ヘルシンキウォッチにも送られた。ドール総裁は、共和党の上院議員のリーダーだったボブ・ドールの妻でもある。また環境保護市民団体は、アメリカでは大きな政治的影響力をもつ圧力団体である。

そして、これらの手紙の末尾には必ず「シライジッチ外相への連絡は、ジム・ハーフまでお願いします」というメッセージと、ルーダー・フィン・ワシントン支社の電話番号を添えることが

忘れられてはいなかった。

国務省で、タトワイラー報道官が記者会見を行った。ハーフはその内容に注目した。ベーカー国務長官への一日に二回の書簡が効果をあげていれば、長官の腹心タトワイラーが何か前向きなコメントをするかもしれない。

タトワイラーは、いつもの南部なまりの英語でボスニア紛争について、

「米国政府は、さらなる制裁措置の強化について欧州各国と話し合うかもしれない」

と言った。それが得られた成果のすべてだった。

国務省はそれまでに、ユーゴスラビア連邦に対し、駐ユーゴ大使のアメリカ本国引きあげなど、象徴的な制裁策をいくつかとっていた。アメリカの軍事力を介入させようというシライジッチにとって、そういう類の制裁の多少の強化が「検討」される、だけでは満足にはほど遠い。シライジッチ外相とベーカー長官の会談については何の進展もなかった。

さまざまな方法で、国務省に圧力をかけようというハーフの戦略は失敗した。外交委員会の議員にとっても、ボスニア・ヘルツェゴビナの悲劇に世論がさして関心を示していない状況で、性急にこれを政治問題化しても利益があるわけではない。この年の秋、大統領選挙とともに連邦議会の選挙が控えていた。つまるところ大切なのは票につながるような話題だった。

ボスニア・ヘルツェゴビナの民族問題を理解するためには、モスレム人、セルビア人、クロアチア人が入り組んで戦う状況を理解しなければならない。また、歴史的な経緯もある程度知らなければならない。アメリカ人にとって、そのようなバルカン民族史の講義などおよそ興味の持て

る話ではなかった。

五月二十三日、シライジッチはヨーロッパに向けて旅だった。望んでいたベーカー長官との会談は果たせなかった。ハーフは、ボスニア・ヘルツェゴビナからやってきた外相がもたらした仕事が、これまでで最も困難な仕事になると悟った。

第四章　情報の拡大再生産

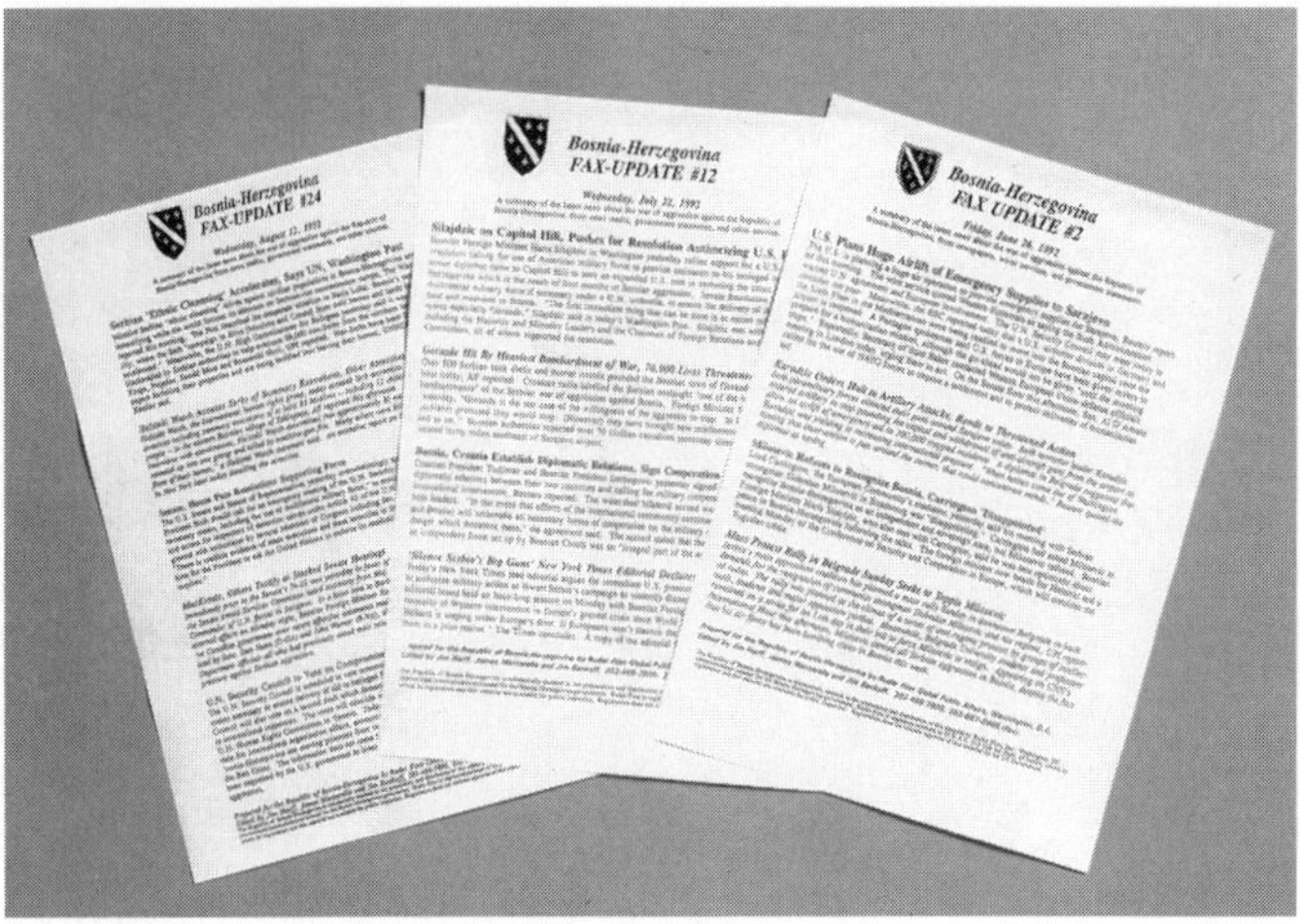

ハーフのメディア戦略の武器「ボスニアファクス通信」

ルーダー・フィン社のワシントン支社には、そのPR活動を展開する主力部隊「三人のジム（Three Jims）」と呼ばれるチームがあった。NPCでの記者会見の後、「三人のジム」が全力をあげてボスニア・ヘルツェゴビナ政府のためのPR戦略を遂行することになった。

「三人のジム」の一人はハーフ自身、ジム・ハーフである。もう一人は、ハーフより十歳ほど若い、ジム・マザレラ。そして三人目は、最年少のメンバーで当時まだ二十歳代だったジム・バンコフである。

マザレラはキャピトル・ヒル、つまり連邦議会に働きかけることを得意にしていた。ボスニア・ヘルツェゴビナ政府との仕事でも、主に政界工作を担当した。マザレラは、現在ではルーダー・フィン社を退職し、ニューヨーク州政府のワシントンDC事務所の所長になっている。連邦議会議事堂の向かいのオフィスビルにある事務所から、毎日キャピトル・ヒルに通い、連邦政府の官僚や議員たちを相手にニューヨーク州政府の立場を説明している。身長は百八十センチ以上、肩幅も広く、アメリカンフットボールのクォーターバックでもつとめればぴったりの体格だ。話してみると、ハーフ以上に慎重で控えめであり、やや神経質な印象を受ける。

マザレラは、今回の取材ではテレビカメラを回してのインタビューを拒否した。インタビューには上司であるニューヨーク州知事の許可が必要だ、というのが公式の理由だ。しかし本当の理由はそれだけではなく、私がハーフ自身へのインタビューを予定していることを告げていたので、万一ハーフの証言と矛盾する内容があるとハーフの信用に傷をつけることになる、と気を遣っているようだった。オフカメラ（カメラ撮影をしないでするインタビュー）では話をしてくれたが、それでもオフレコ（聞いた内容を記事や放送で公表しない約束のもとでする取材）にしたい内容になると、こちらがメモのかわりに回しているカセットテープを止めるようにと注文を付ける注意深さをみせた。

　バンコフは、メディア対策を主に担当した。ルーダー・フィン社に来る前はCNNにいたこともある。チームの中で最も若く、やんちゃで、他の二人にかわいがられる存在だった。今はやはり転職し、インターネット関連企業の花形AOLにつとめている。

　バンコフは、「コールド・コーリング」の天才だった。たとえば顧客の記者会見を開く場合、多くの記者を集めるために、メディアに電話で連絡する。旧知の記者にかける場合もあるが、知り合いがいないとき「バルカン情勢の担当者は誰ですか?」と聞いて、見ず知らずの記者に会見に来るように説得する。電話での営業活動のようなこの方法が「コールド・コーリング」だ。ふつう記者たちはPR企業の電話に警戒感を持つことが多いが、バンコフは持ち前の明るさで、気むずかしい頑固者の記者ともあっという間にうちとけ、会見に呼ぶことができた。

　ワシントン郊外のハーフの自宅には、今も「三人のジム」のメンバーでコロラドのスキー場に行った時の写真が飾られている。三人は互いに深く信頼しあい、プライベートでも家族ぐるみのつきあいをするようになっていた。そして、マザレラもバンコフも、ハーフに対する尊敬には絶対に近いものがあった。マザレラは言う。

「私たちは、毎日ハーフさんのオフィスでミーティングをしました。そこで私とバンコフは、ハーフさんが私たちに、これからどうすればよいか教えてくれるのを聞いたのです」

　多くの場合、「三人のジム」のうちの一人が全世界を飛び回るシライジッチに同行した。同時に、必ず一人のジムがワシントンに残ってメディア対応や政界工作などを続けながら、出張者と連絡をとった。また、ニューヨークの本社、あるいはロンドンをはじめとする世界各地にあるルーダー・フィン社の海外事務所のメンバーも三人のジムをサポートした。

そうであってもあくまで中核となるのはこの三人であり、そのリーダー、ハーフは、常に自分の判断で行動した。アメリカのPR企業の中には、一つの案件に多くの人員を投入する企業もある。だがハーフの手法は、少数精鋭の信頼できるメンバーで仕事をすることであり、彼らを手足として自分の判断ですべてを進めることだった。

「フィンCEOには、私たちが何をしようとしているか知らせていました。でもそれは知らせていたということであって、指示をあおいだのではありません」

とハーフは証言している。

国際政治の最前線の交渉やイベントにかかわり、紛争の状況変化に応じて常に即断即決を求められるビジネスでは、いちいち上司の判断をあおいでいたり、多くの人数がかかわってコンセンサス形成に時間がかかるようでは適切な活動はできないのだ。

さらに、この仕事を本格的に始めるにあたって、一つ考慮にいれなければならないことがあった。

当時のボスニア・ヘルツェゴビナ政府は、三月はじめに独立して、翌月には首都サラエボを包囲され混乱の極みにあり、ルーダー・フィン社との間で正式の契約書さえ取り交わすことができなかった。それは、この先ボスニア・ヘルツェゴビナ政府が多額の代金を送金できそうにないことを意味していた。

「三人のジム」をフル稼働させ、頻繁に海外出張を繰り返せば、この案件が赤字に終わる可能性は高い。

それでも、ルーダー・フィン社はボスニア紛争のPRビジネスに乗り出す決断を下した。

一九九二年の五月、シライジッチとの仕事が始まった同じ月に、ハーフが手がけていたクロアチアとの仕事が終わっていた。クロアチアの独立戦争が予想外に早くユーゴ連邦軍の撤退という形で収拾されたからだ。ルーダー・フィン社はある程度の成果をあげてはいたが、その実力のほどを発揮し、大きな国際世論のうねりをおこす前に戦争が終わってしまった。ルーダー・フィン社はもはやクロアチアに必要とされなくなった。そして今また、さらに大きく広がることが予想される火種、ボスニア紛争が目の前にあらわれている。

ハーフとフィンは、バルカンでのビジネスでは儲けをある程度度外視し、業界内での名声と地位を高めることに狙いをしぼっていた。そのためにも、この新しいチャンス、ボスニア紛争に深くかかわる必要があったのだ。

「三人のジム」は、最初の記者会見で明らかになったボスニア・ヘルツェゴビナに対するメディアの無関心を克服するため、ワシントンのさまざまな「急所」に網を仕掛けていった。そこには彼らがそれまでに培ったすべてのテクニックが動員されていた。

まず「ボスニアファクス通信」という、メディアと政官界向けのニュース配信システムがつくられた。

ルーダー・フィン社は、ボスニア・ヘルツェゴビナ政府発の情報に、メディアや国務省よりも早くアクセスできた。サラエボ市内の電話回線はセルビア人勢力によって寸断されていたが、大統領府には衛星電話が三台あり、ハーフとシライジッチはサラエボからの情報を毎日リアルタイムで知ることができた。先のツズラ市の化学工場攻撃の件も、こうしたルートにのって数時間のうちに知らされたのだ。

ハーフは刻々と入る最新情報を、A4シート（アメリカでは〝レターサイズ〟と呼ばれる書式）一枚の「ボスニアファクス通信」にまとめ、二、三日に一回、ニュースの多いときは毎日ファクスで配信した。送付先は、メディアはもちろん、有力議員、国務省の官僚、国連の各国代表部、自然保護団体などNGO、そのほか世論形成に力のありそうなあらゆる場所が選ばれた。その多くはハーフの人脈の中に以前からあったものだが、バンコフが得意の「コールド・コーリング」で開拓した連絡先も少なからずある。

ちなみにその送付先リストの中には、アメリカのメディアだけでなく、イギリスのBBCやフランスの『ル・モンド』紙、あるいはドイツや中東のメディアの名前もある。しかし、日本の主要メディアの名前は一つもない。日本関係では、日本の国連代表部のファクス番号があるくらいだ。日本語でニュースを流す日本のメディアは、ハーフにとって、国際世論への影響力という意味では眼中になかったのだろう。

「ボスニアファクス通信」は、一枚の中に四つから五つの見出しがあり、それぞれに五行程度の簡潔な記事がある。そのすべてがモスレム人の視点から書かれていて、セルビア人勢力の攻撃による被害の記事が大半を占めていた。たとえば、

「サラエボからの情報によると、プリエドル市では二万人以上の成人男性が虐殺され、ビハチ市では一晩中銃声がひびきわたった」

といった具合である。

そこには、巧妙な「情報の拡大再生産」と言うべき戦術が隠されていた。ハーフは「ファクス通信」に、サラエボから直接送られてくる情報だけでなく、有力新聞やテレビネットワークの報道で有利なものがあると巧みに編集して掲載している。とくにシライジッチらボスニア・ヘルツェゴビナ政府高官がメディアで発言したときは、それを逐一再現した。たとえば、「シライジッチ外相はEC和平特使との会談後、『セルビア人は、民主的に選ばれたわが政府を転覆しようとたくらんでいる』と語った」

とある。このような発言の機会は、その多くがハーフによってセッティングされたものだ。つまり、メディアを使ってシライジッチの発言を報道させ、その成果を「ファクス通信」で他のメディアに還流して、さらに大きな情報の流れを作ろうという狙いなのだ。

「ボスニアファクス通信」は、大部分をバンコフとマザレラが書いていた。ハーフは彼らの原稿すべてに目を通し、自分が納得できるまで徹底的に修正した。そして、どの「ファクス通信」にも最終行には、「何か疑問があれば、ルーダー・フィン社にご連絡ください」とあり、担当者として三人のジムの名前が書かれていた。

「ファクス通信」に書かれた情報には、サラエボ発のまだどこにも報じられていないものもあった。ファクスを受け取ったメディアが興味をそそられれば、その情報をもとに取材に動くこともあった。

当時『ワシントン・ポスト』紙の外信デスクだったアル・ホーンはこう語っている。

「送られてきた情報は、時々ボスニア・ヘルツェゴビナの現地に派遣した特派員に流しました。

そして、こんな情報が来ているが、本当かどうか確かめてくれ、と依頼したんですよ」

むろん、大手のメディアは、ルーダー・フィン社の情報だけをもとにして記事を書くようなことはしない。しかし、「ファクス通信」の情報の「ウラ」をとる取材のために記者が動けば、ハーフにとってそれだけで大きな成果だった。数少ない現地の記者の貴重な時間とエネルギーを、クライアントに有利な情報を集めるために使わせることができるのだ。その分、セルビア人の言い分を聞くためにさく時間と労力が減ることになる。そしてうまく行けば、実際にボスニア・ヘルツェゴビナ政府にとって有利な記事が掲載されるかもしれないのである。


この「ボスニアファクス通信」は、数百の対象に同時に仕掛ける、いわば「ローラー作戦」だが、それと同時にハーフは、少数の標的を選び集中的な働きかけを行う戦略も併行させた。

ハーフが、顧客であるボスニア・ヘルツェゴビナ政府に提出した報告書の中に、「メディアの中で味方とすべきジャーナリストのリスト」がある。そこには、十二の報道機関に属するジャーナリストたちの名前が書かれている。アメリカのテレビネットワークではABCとCNNが入っている。私は、テレビの三大ネットワークとCNNが、シライジッチ外相の会見やインタビューを報じた資料映像をほぼすべて集めた。たしかにABCとCNNは他社よりも多くシライジッチを取り扱っていた。タトワイラー国務省報道官は、テレビ各社の報道姿勢について、

「最初アメリカのテレビは、どこも同じようにボスニア・ヘルツェゴビナに無関心だったんですよ。その後、まずABCとCNNがしっかり取材してとりあげるようになり、やがて、他のメディア各社も追随してボスニア紛争をきちんと報道するようになったと記憶しています」

と証言している。

とくにABCとCNNを他の二つのネットワーク、NBCやCBSより重視する理由がハーフにあったわけではないだろう。たまたま従来のハーフの人脈が前者の方に太かったというのが実態だと思われる。ともあれ、この二社がテレビにおけるハーフのあしがかりとなった。

活字メディアでは、『ワシントン・ポスト』、『ニューヨーク・タイムス』、『ウォールストリートジャーナル』の三大紙、そして『インターナショナルヘラルドトリビューン』紙やイギリスの『フィナンシャルタイムス』紙など、各界の知識層が好んで読む新聞の記者が押さえられている。雑誌では『ニューズウィーク』誌の名前がある。

リストに名前があるジャーナリストをハーフは「友人」と呼んでいる。その多くは、ハーフが電話をすれば耳を傾ける人たちだ。まず彼らをボスニア・ヘルツェゴビナの支持者とし、その影響力を使うことによってその社会全体の論調を有利に運ぼうという狙いだった。

ハーフは彼らにシライジッチ外相との単独インタビューをもちかけた。NPCでの会見のように、ある時間と場所を設定したうえで、広く記者によびかけて会見を開いても、メディア全体の中でボスニア・ヘルツェゴビナへの関心が低い状況では多くの参加はのぞめない。関心の高い記者がいてもそのときたまたま都合が悪ければ、やってこないだろう。それよりはむしろ、ターゲットを絞ったジャーナリストに、彼らの都合にあわせて単独インタビューを設定したほうが効果は確実だと判断された。話をもちかけられるジャーナリストにしても、

「シライジッチ外相がぜひあなたに単独インタビューで訴えたいと言っています」

と言われれば悪い気はしないし、単独会見のほうがニュース価値も高まるのだ。実際には、

次々と単独インタビューをこなし、皆に同じ話をしていたとしても、取材したジャーナリストが、上司に、

「これは公開の記者会見ではなく、単独インタビューです」

とアピールすることができ、その結果記事として採用されたり、扱いがより大きくなる可能性が高いのである。

これらのターゲットになったジャーナリストの中でハーフが最も高く評価するのは、当時『ニューズウィーク』誌で国際問題を担当していたマーガレット・ワーナー記者だ。

「彼女はじつに頼りになる存在でした。シライジッチがアメリカに来るときはいつも知らせたし、彼女も何かあると電話をしてきましたよ。ボスニア・ヘルツェゴビナで今何が起きているのか、コーヒーを飲みながら、じっくりと話をして聞かせました。私たちの関係はプロ同士としてのものでしたが、同時に友情をもはぐくんでいたのです。彼女は、真のベストジャーナリストでした」

とハーフは彼女を称賛する。

ワーナー記者は一九九二年だけで数回、シライジッチ外相に単独でインタビューした。そして『ニューズウィーク』誌には、六月以降、毎号のように、ワーナー記者の署名入りの記事が掲載されている。記事にはシライジッチの発言も引用され、週を追うごとにセルビア非難の度合いを強めている。そして、シライジッチ外相や大統領のイゼトベゴビッチがブッシュ大統領と会談した際の詳細な発言内容を暴露する、といったスクープもある。こうした記事に、ハーフがお膳立《ぜんだ》てした取材の成果が生かされたことは想像に難くない。

ワーナー記者は、単に取材者として振る舞うだけでなく、次第にハーフとシライジッチのために便宜をはかるようになった。九月にシライジッチにあててハーフが出したファクスには、「マーガレットと話しました。彼女はあなたにぜひよろしくお伝えくださいと言っていましたよ。それから、彼女と私で相談して、『ニューズウィーク』の編集者たちとあなたが話をできるように取りはからってもらいました。それから彼女は、(大統領選挙を戦っている)クリントン氏の外交問題担当アドバイザーとディナーを共にできるようアレンジしてくれるそうです」

とある。

なぜそこまで彼女がしたのか、ワーナーに直接取材を試みた。彼女は現在、テレビの世界に転身し、PBS(アメリカの公共放送。視聴者数は三大ネットワークほどではないが、信頼度の高い報道に定評がある)の夜のニュースのキャスターとなり、全米にその姿が放送されている。二〇〇〇年の大統領選挙では、ブッシュ候補とゴア候補のテレビ討論番組にもジャーナリストとして参加した。それはアメリカのテレビジャーナリストの最高峰を極めたと言える仕事だ。

彼女は、度重なる取材要請を拒絶した。テレビ討論の準備で多忙だから応じられない、というのがその理由だった。

一つ言えることがあるとすれば、彼女はボスニア紛争の報道で大きな成果をあげ、評価を高めたということだ。その後の彼女の成功につながるステップの一つにボスニア・ヘルツェゴビナがあったということは間違いない。ハーフは彼女を利用し、また彼女もボスニア紛争と関わったことで得るものはあったのだ。

やはりアメリカを代表する女性ジャーナリストの一人、『ニューヨーク・タイムス』紙のバーバラ・クロセット記者も、ハーフから直接コンタクトを受けた一人だ。当時国務省を担当していたクロセットは、現在は国連担当の花形記者となっている。彼女はニューヨークの国連本部にある、『ニューヨーク・タイムス』の部屋で取材に応じた。

「通常、ジャーナリストなら、PR企業からの電話を受ければ警戒します。たいていの場合、彼らのクライアントは本当はとんでもないことをしているのに、それを覆い隠してよいイメージを作り上げようと狙っているからです」

だが、クロセット記者はハーフの誘いには応じて、シライジッチと一対一のインタビューを行い、それに基づいた記事を書いた。

「たしかに、あの電話には、ボスニア紛争に私の注意をひきつけようという意図があったことは間違いありません。それは認めます。PR企業が連絡してこなければ、私はシライジッチ外相に会おうとは思わなかったでしょう」

しかし、とクロセットは続ける。

「なじみのない地域の取材で手持ちの情報が少ないとき、情報源としてさまざまなものを利用するのは当然です。バルカン半島には、当時情報収集のネットワークが不足していました。そういうときはPR企業であっても利用するのです。取材のアレンジを頼むだけのこともあれば、情報をもらうこともあるというふうに利用の仕方はいろいろですがね」

もちろん、クロセットは、どのPR企業が声をかけても同じように理解を示すわけではない。

「そこには取捨選択があります」

と言っている。ハーフの対応の仕方に誠実さを感じ、シライジッチの言うことが真実だと信じたからこそクロセットは報道したのだ。

ジャーナリストたちのPR企業に対する警戒感を弱めるため、ハーフはじつにきめ細かい気遣いをしている。

たとえば、シライジッチと会見をしたジャーナリストには、いつもお礼の手紙を書いた。『ウォールストリートジャーナル』紙のジョン・ファンド論説委員への礼状は、同じ日にシライジッチの名前とハーフ自身の名前のものと、丁寧に二通出されている。

シライジッチ名義の手紙には、

「お会いいただきありがとう。あなたのおかげで、アメリカのセルビア人に対する態度は強硬なものになりました」

と書かれ、ハーフ自身の名義のファクスには、

「プロのジャーナリストとしての、あなたのバルカン問題への深い関心を知ることができました」

などと書いてある。

これをもらったジャーナリストは悪い気持ちはしないだろう。たとえ自分を利用しようというPR企業の意図が見えていたとしてもだ。こうした小さい努力を一つ一つ積み重ね、やがてはメディア全体を動かす大きな波を引き起こすことがハーフの身上なのだ。

「三人のジム」がターゲットに選んだのは、メディアだけではない。

ワシントンには、もう一つの重要な狙い目があった。それはキャピトル・ヒル（連邦議会）で

ある。

ジム・マザレラは、物事を図式化してわかりやすく説明する名人だ。ワシントンを動かすにはどうすればよいのか、という質問に答えたときも、両手の親指と人差し指で一つの三角形を作って明解に説明した。

「ワシントンは三角形でできています。その三つの頂点にあるのは、大統領に率いられる政権、連邦議会、そしてメディアです。この三つはおたがいに密接に結びつき、影響しあっています。だから、この中のある一つを動かしたければ、他の二つを動かせばいいのです。たとえば政権を動かすには、議会とメディアを動かせ、というわけです」

ボスニア・ヘルツェゴビナ政府の目的は、アメリカの外交政策を動かしセルビア人勢力に圧力をかけることだった。そういう政策を決めるのは、当時ブッシュ（父）大統領が率いていた政権、つまりホワイトハウスである。「三角形の理論」によれば、ブッシュ政権を動かしたければメディアとキャピトル・ヒルを動かせばよいのだ。

実際に、アメリカでは、議会の外交政策への影響力は大きい。ひとつひとつの外交政策について、その予算面の裏付けは議会が是非を決める。ブッシュ大統領も、ベーカー国務長官も、ボスニア・ヘルツェゴビナ政策を議会の協力なしに進めることはできない。

ハーフの狙いは、持続的な効果を発揮する拠点を連邦議会内に築くことだった。

ルーダー・フィン社の報告書には、十数人の上下両院議員の名前が頻繁に出てくる。ハーフ自身は自らを「共和党支持者」と言っているが、シライジッチを売り込む対象は民主、共和両党にまたがっている。民主党では、上院議員のリーダー、ミッチェル院内総務やナン軍事委員長、あるいは、二〇〇〇年の大統領選でゴア陣営の副大統領候補となったユダヤ系議員、リーバーマンなどが含まれる。一方、共和党ではドール院内総務やディコンシニなどの名前が出てくる。ハーフが最も重要視したのは、この共和党の重鎮二人だった。当時はブッシュ共和党政権だったことからも、与党の彼らがまずターゲットとなった。

デニス・ディコンシニは、連邦上院議員という役職だけでなく、CSCE（欧州安全保障協力会議）という国際組織の議長を務めていた。たびたびヨーロッパに出張して、ボスニア紛争を討議する国際会議をリードしていたから、シライジッチとの会談を頻繁にセットするなど熱心に働きかけたのは当然だった。

最重要のターゲットはボブ・ドールだった。与党共和党の上院議員を束ねる院内総務という重職にあり、四年後の一九九六年にはクリントン大統領に対抗する共和党の大統領候補となったことでもわかるように、その影響力は絶大だった。ブッシュ大統領とも政策について常に意見を交換していた。議会を通じて政権を動かすために、ドールはまさに勘所《かんどころ》だった。しかし超大物のドールには、ハーフのようなPRのプロといえども簡単に近づいてボスニア・ヘルツェゴビナ政府の立場を売り込むことはできない。ドールを動かしたいのはハーフだけではない。アメリカ全土から、いや世界中から、彼を味方に取り込もうという人間たちが陳情に押し寄せているのである。

しかし、ハーフは、ドールの事務所に太いパイプを持っていた。それは、秘書のミラ・バラタだった。

ミラ・バラタは、キャリアを重ねるアメリカ女性の典型のような人物だ。取材のときも見栄えのするスーツを見事に着こなしてあらわれた。こちらの質問に対して即座に非の打ち所のない論理的な回答を返す一方、適度にジョークを織り交ぜて、その場の空気を和らげることも忘れない。ドールが外交政策の面で頼りにしたのもうなずける優秀な女性だ。実際に、彼女はドールが出す議会決議案の草案を書いていたし、ドール議員の名前で『ワシントン・ポスト』紙や『ニューヨーク・タイムス』紙に寄稿される論文の草稿を書くこともあった。

そして、彼女はクロアチア系アメリカ人だった。

「私にはバルカン半島状勢について予備知識がありました。その点、他の人とは違っていたと思います。ボスニア・ヘルツェゴビナがどこにあるか知っていたし、むこうの政治家の名前を正しく発音することができましたからね」

とバラタは豪快に笑いながら説明する。

のちにボスニア紛争が注目を集め、メディア上にバルカンのさまざまな政治家の名前が躍るようになっても、アメリカ人がそれらのスラブ系の人名を正しく発音することは稀《まれ》だった。バラタは自分の出自がクロアチアだから、それができた。

しかし彼女は同時にこうも言っている。

「私は、ボスニア紛争をアメリカ的な視点からとらえました。それは民主主義や、異なった民族の共存という、アメリカが最も大切にする価値観を通して見た、ということです」

バラタは、遠いバルカンでの紛争をアメリカ人と結びつける理想的な掛け橋だ。ハーフはそれを見逃さなかった。

ホワイトハウスから北へ車で十分ほど走ったところに、デュポン・サークルという、味のいいレストランが多いことで知られる場所がある。そこにあった評判のクロアチア料理店に、ハーフはバラタを連れ出した。

「これは、ボスニア・ヘルツェゴビナ政府に提出する業務報告書です。あなたにだけは、ぜひ読んでいただきたいのです」

ハーフはそう言いながら、「コンフィデンシャル（機密）」と印が押された文書を差し出した。それは、メディアや他の政界関係者には決して見せないものだったが、バルカンの問題に深い関心を持つバラタにとって、見逃せない情報の宝庫である。ハーフはそれを見せ、さらにシライジッチ外相と直接話す機会を与えることによって、バラタを事実上自分たちのチームに加えることに成功した。

バラタは、セルビア人勢力の新たな攻撃や人権侵害行為の情報が入ればそれをドールに伝えた。ドールもその情報を無駄にしなかった。バラタは言う。

「ドール議員は、ボスニア・ヘルツェゴビナからの情報があるといつも素早く反応してくれました。すぐに上院で発言の機会を作り、市民が地獄の苦しみを味わっていることを訴えたのです。これを繰り返すうちに、議会の中にボスニア・ヘルツェゴビナ支持の声が広がっていきました」

逆に、バラタもハーフに情報を与えた。

「私は彼に、たとえば『来週月曜日にドール議員はこれこれという内容の議会決議案を発表しますよ』と知らせました。決議案のコピーも渡しました」

そうすれば、ハーフがその決議案をワシントン中ありとあらゆるメディアや議員たちのオフィスにまくことは間違いなかった。

それは、ドール議員の政治活動の宣伝にも役立つことである。

さらにバラタは、

「たとえばどの議員がボスニア紛争に興味を示しそうか、シライジッチと会ってもよいと考えている議員は誰かなど、議会内の状況についてもアドバイスしましたよ」

と証言する。

こうした情報は、ハーフがどの議員にターゲットを定めるかを決めるのに役立つインサイダー情報である。相手が必要とする情報を提供しあう二人の利害は、見事に一致していた。

メディアにおけるワーナー記者、政界におけるバラタ。ジム・マザレラの「三角形の理論」がいう「ホワイトハウスを動かす二つの要素」において彼女たちはハーフの橋頭堡《きょうとうほ》となった。しかし、彼女たち自身には、ハーフのシステムにいつの間にか組み込まれていたという自覚はなかったはずだ。なぜなら、パーツからは全体を見渡すことができないからだ。

ワシントンに目に見えないPRマシンができつつあった。その全体像を俯瞰《ふかん》できるのは、ハーフたち三人のジムだけだった。

第五章　シライジッチ外相改造計画

ボスニア紛争では20万人の無辜の市民が犠牲になったといわれている
©ロイター・サン

もし、ハーフとシライジッチが出会うことなく、ルーダー・フィン社がボスニア・ヘルツェゴビナ政府のために活動していなかったら、アメリカではボスニア紛争の悲劇がまったく注意をひかなかったのか、といえば、そうではないだろう。

その人数は少ないが、サラエボや、そのほかのボスニア・ヘルツェゴビナの戦場に紛争の初期段階から飛び込み、命がけで取材した記者たちの存在を見逃すことはできない。

ハーフが活動を始めた五月から六月ごろにかけては、あまりにも危険、という理由で国連部隊さえもがサラエボから撤退する一方、ボスニア・ヘルツェゴビナのほぼ全土において、ひどい人権侵害が横行していた。その中で、『ニューヨーク・タイムス』紙のジョン・バーンズ記者や、スカイニュース（イギリスの衛星テレビ局）のダン・デーモン記者といったジャーナリストたちは生命の危険を冒しつつ、現地からのリポートを伝えてきた。送られてくる情報には、セルビア人がモスレム人を攻撃している、というものが多かった。

現地の記者の多くが、首都サラエボにベースをおいていた。サラエボは、歴史的にも国際的な都市で、たとえば英語を理解する人材も豊富におり、ほかの場所にくらべて取材がしやすかった。もっと言えば、冬季五輪を開いた都市としての知名度があり、ボスニア・ヘルツェゴビナで、というよりバルカン半島全体で唯一アメリカ人にその名を知られた土地である。そこで連日市民が撃たれ、ビルは砲撃され、ニュースには事欠かないのだ。そういう都市に西側記者が滞在するのは自然なことだった。そのサラエボはモスレム人の拠点である。そこで見聞きする情報の大半が、加害者はセルビア人で被害者はモスレム人である、というストーリーになるのも当然だった。

現地で取材していたNPR（全米公共ラジオ）のシルビア・ポジオリ記者は、

「ジャーナリストたちがサラエボにいた、ということが、メディアの論調に影響したことは事実です。私たちは、サラエボにいて市民と同じようにセルビア人に包囲され、攻撃を受ける毎日でした。おのずとモスレム人の方に同情の気持ちが起きることは避けられませんでした」

と正直に語っている。


モスレム人を支持する論調は、アメリカでのハーフのPR戦略と、現場に入った記者たちのリポートの相乗効果によって形作られていった。


アメリカのPR企業およそ六千社が加盟する全米PR協会に、翌年一九九三年にハーフが提出したリポートがある。そこには、ルーダー・フィン社がどのような手法でボスニア紛争のPR戦争に勝利したかが、プロの視点から記述されている。シライジッチについては、

「ボスニア・ヘルツェゴビナの外務大臣は、英語が堪能で、テレジェニック（テレビうつりがよいこと）だった。そこで、彼をテレビのトークショーにおけるスポークスマンとして利用する作戦が練られた」

とある。


ケーブルテレビの発達したアメリカでは、百以上ものチャンネルを視聴できる家庭が多い。その中で、世論に強い影響力を持つチャンネルの数はまず五つだ。ABC、CBS、NBCの三大ネットワークは、ほぼ日本の民放と同じシステムをとる老舗である。そして、新興のCNNは、湾岸戦争で、空爆されるバグダッドに特派員ピーター・アーネットと「フライアウェイ」と呼ば

れる可搬型パラボラアンテナ装置を残し、最後まで生中継をしてニュース専門ネットワークとしての地位を確立していた。そして、地味ではあるが公共放送として他にない信頼感のある「玄人好み」のPBSである。

これらの局の報道番組には、さまざまな「トークショー」がある。ニュース番組の一部を占めるコーナーの形をとることもあれば、三十分から一時間の番組全体がトークショーというものもある。そのほとんどが生放送で「時の人」を呼び、レギュラーキャスターが厳しい質問を矢継ぎ早にゲストに浴びせる。このような番組のキャスターたちは、アメリカのメディア界、いやアメリカ社会のエリート中のエリートだ。たとえば三大ネットワークのメインのニュース番組のキャスター、ピーター・ジェニングス（ABC）、ダン・ラザー（CBS）、トム・ブロコー（NBC）は、三人とも十五年以上その地位にあり、毎日夕方六時半からのニュースで全米の視聴者に語りかけている。年収数億円と言われ、最長でも二期八年しか務められないアメリカ大統領以上にアメリカ政治、そして国際政治に対する影響力を持っていると言ってもよいくらいだ。

ハーフは、欧州のはずれの小国、ボスニア・ヘルツェゴビナから出てきたばかりのシライジッチを、彼らアメリカのニュースキャスターたちと互角に渡り合えるようにするにはどうすればよいか、考え抜いた。そして、シライジッチの「改造」計画に乗りだした。

シライジッチは、素材としては疑いなく優れていた。しかし、致命的な欠点も持っていた。その第一は、セルビア非難の論陣を張るとき、これまでの経緯について詳しく話をしたがることだった。これはアメリカのテレビに出るとき、最もしてはいけないことだった。

「バルカン紛争の歴史や経緯に踏み込むのは最悪の選択でした。これまでどういういきさつがあったのか、そんな話には誰も耳を貸しません。とくにアメリカのメディアでそういう話をすれば視聴者はすぐに退屈してしまうのです」

中世以来の民族間の抗争の話をするな、というのはわかる。だが、スロベニアやクロアチアでの戦いなど、去年始まったばかりのユーゴ紛争を振り返ることもいけないというのである。それをわからずに、ボスニア紛争を理解することなどできないのではないか?

私は、ボスニア紛争当時、NHKの『おはよう日本』という朝のニュースショーのディレクターとして国際ニュースを担当していた。現地から毎日のように入る最新のニュース映像と原稿を、いかに視聴者にわかりやすく放送するかが仕事だった。そのとき、それまでの紛争の経緯を理解してもらうため、地図を作ったり、キャスターが読む原稿を工夫するのに四苦八苦した記憶がある。たとえば、「ボスニア・ヘルツェゴビナ南部の都市モスタルで、セルビア人、クロアチア人、モスレム人の三つどもえの戦闘が起こり、市民十五人が死亡した」という内容の一分十秒の原稿が送られてきたとする。一般の視聴者になじみのないこれら三民族がなぜ戦っているのかを説明するため、私は紛争の経緯について四十秒くらいのコメントを書いた。さらに三民族の勢力範囲を色分けした地図パネルを製作した。そして、この「前段解説」の原稿をキャスターに読ませてから、現地から送られた本来の原稿に入る、という構成をよく使った。その方が、視聴者は遠くボスニア・ヘルツェゴビナで起きている紛争のニュースをよりよく理解できるし、興味も持てるだろうと思っていた。しかし、ハーフの考え方に従えば、そんな解説をしている間に、視聴者はチャンネルを換えてしまう、というのだ。

また、シライジッチは詩的な表現を使いたがった。それはシライジッチが教室で講義するときに好んだスタイルだ。シライジッチが教鞭《きょうべん》を執っていたコソボ自治州の州都プリシュティナの大学で、学生たちはその語り口に聞き惚《ほ》れていた。しかしこれも、アメリカの視聴者に対してはタブーだった。陳腐に聞こえてしまうのだ。

ハーフは、シライジッチを大学教授から、サラエボの悲劇を伝えるひとりの証言者に変えることを決意した。

ハーフは、まず過去の話を一切止めるよう指示した。

「重要なのは今日サラエボで何が起きているか、それだけです。それに絞って話をしてくださ い」

さらにハーフは、さまざまなテクニックを授けた。

シライジッチは、こう説明する。

「短い間に、私はテレビ画面でいかに効果的に表現するか、そのレッスンを受けました。そのおかげで私はさまざまなテクニックを生放送のスタジオで駆使できるようになりました。時にはわざと沈黙し、声の調子を変え、話すスピードを速くすることもあれば、遅くすることもありました。そういう技術があるかないかでは、同じ内容を語っても、視聴者に与える印象に天と地ほどの差ができるものなんです」

シライジッチがトークショーに出演したときのビデオを見ると、質問を受けたシライジッチは、かなり長い間沈黙してから話し出すことが多い。一瞬言いよどんでいるようにも見える。

それは計算ずくでしたことだった。

そこには、シライジッチをプロの政治家ではなく、サラエボで市民が傷つく姿を目の当たりにした一人の人間として演出する狙いがあった。

シライジッチは自分が使った手法をこう解説する。

「もし、キャスターの質問に、常に当意即妙で答えてしまえば、私がとてつもなく頭がいい、いや頭がよすぎる人間であるか、さもなければ事前に答えを用意していたのだ、という印象を与えることになります。それでは、私が普通の感覚を持った視聴者と同じ生身の人間、というイメージから遠くなってしまい、効果は半減してしまいます」

サラエボの悲劇を語る証言者シライジッチは、想像を絶する流血の惨状を目撃してきたのだ。人間の普通の感情として恐怖がさめやらぬ状態であるはずなのに、キャスターの質問に滔々《とうとう》と答えては、リアリティを欠いてしまうことになる。

実際には、シライジッチは三月にサラエボを離れた後、一度もボスニア・ヘルツェゴビナに戻っていなかった。欧州各国とアメリカの歴訪を続けていた。包囲されたサラエボに安全に戻れる保証がなかったこともある。ハーフは、

「おそらくシライジッチは、サラエボに戻るのが恐ろしかったのだと思います」

と言う。

いずれにせよ、サラエボの悲劇のほとんどを、このときシライジッチは目の当たりにしていなかった。

しかしハーフに言わせれば、サラエボで悲惨な事態が起きていたことはまぎれもない事実であり、その事実を伝えるのにシライジッチを教育して利用するのは、当たり前のことなのだ。

「公の立場に立つ者が、カメラの前でどのように話をするべきか学ぶのは当然のことです。そこ

に多少の演技があるのも普通のことだと思いますよ」

それがハーフの考えだった。

シライジッチはもう一つ、致命傷になりかねない性格上の欠点を持っていた。

シライジッチは、きわめてプライドの高い人間だった。

事件は、ABCの日曜午前の看板トークショー『デビッド・ブリンクリーのディス・ウィーク』にシライジッチが招かれたときに起きた。

ハーフの証言である。

「それはおよそ一時間の番組でした。ゲストが何人かいて、シライジッチの出番は番組のおわりのほうでした。ですからシライジッチは番組が始まってから、かなりの時間待たなくてはなりませんでした。それは、アメリカのトークショーではよくあることなんです」

だが、シライジッチは待つことができなかった。自分の出番を前にして、突然スタジオからすたすた出ていってしまったのだ。誇りを傷つけられたらしかった。

ハーフもABCのスタッフも、真っ青になった。本番が始まってからゲストがいなくなったのでは、シライジッチのために予定していた時間の穴埋めは不可能だ。出演希望者はたくさんいるが、実際に出演することは至難と言われるABCの看板番組に招かれ、そんな行動をとるクライアントは、経験豊かなハーフにとっても初めてだった。

「信じられない行動でした。私はこのデビッド・ブリンクリーの番組がいかに信頼され、ワシントンの重要人物たちに見られているかを説いて席に戻るように言ったんです。必死でした」

説得の甲斐《かい》あって、シライジッチは戻ってきた。このときのビデオを見ると、シライジッチの表情は終始こわばっている。それは長時間待たされたことへの怒りのあらわれだった。救いは、何も知らない視聴者からはそれがセルビア人への怒りに見えたことだった。

顔がこわばる程度ならよい。しかし、キャスターの質問に激昂《げきこう》するなど、オンエア中に感情のコントロールを失うような事態は避けなくてはならない。老練なキャスターは、わざと疳《かん》にさわる質問の仕方をして、ゲストの人間性をカメラの前にさらそうとすることもあるのだ。

ハーフはシライジッチの番組生出演の際は必ず同行し、カメラのすぐ後ろに立ってシライジッチの表情を見守るようにした。そして、シライジッチが爆発せぬよう、危険を感じ取るとシライジッチの機嫌をとった。

シライジッチの人格について、ハーフも、「三人のジム」の他のメンバーも、誉めることはない。ハーフは、

「私たちは、シライジッチとあまりにも多くの時間を共にし、彼の近くにいる時間が長すぎたのかもしれないですね。目にしたくないシライジッチのパーソナリティをずいぶん見てしまいました」

と語る。

たとえば、五月にボスニア・ヘルツェゴビナの国連大使になったモー・サチルベイという男がいる。アメリカ生まれのアメリカ育ちで、英語はまったく完璧、というより完全なネイティブだ。英語力で言えばシライジッチよりさらに上で、メディアの受けもよかった。シライジッチはそれが許せなかった。

「しばしば、シライジッチがサチルベイ大使を、口汚くののしるのを目にしました。それはひど

い罵倒《ばとう》の仕方でしたよ。サチルベイは尊敬に値する人物ですが、シライジッチは人間的にはとても共感できませんね」

「三人のジム」のうちの一人は、そう証言する。

さらに、シライジッチの女性に対する態度はメディア対策上危険でさえあった。シライジッチは女性によくもてた。それを自覚していたシライジッチはあらゆる機会を利用して女性に声をかけた。アメリカを代表する有力メディアの女性記者にも声をかけたし、ハーフの女性秘書にも手を出そうとした。文字通り身体に触ったこともあった。それは、アメリカ社会において決して許されないセクシャルハラスメントである。何より、いまシライジッチの母国では市民が毎日血を流し、シライジッチは外相としてその悲劇を訴えて各国を回っているのだ。女性問題が何かの機会に表面化すれば、せっかく築き上げようとしている「悲劇の目撃者」というイメージを根底から覆してしまう。

ハーフはシライジッチを厳しくたしなめた。

「この国では、あなたが今やっているような女性への行為は訴訟の対象になりかねないんです」

ハーフから見れば、どんなに深い教養や英語力を持ち合わせていても、シライジッチは、西側の先進国ではあたりまえの人権意識さえ持ち合わせない、ヨーロッパの辺境からやってきた田舎者だった。だが、ハーフにとって、ビジネスはクライアント個人の人格とは別次元の問題だ。シライジッチはPR戦略で使う一つの素材であり、その人格上の問題点をテレビ画面からどのように消し去るか、ということだけが関心事だった。

テレビというメディアは、画面に映る人間の本性を映し出す、と言われることがある。たしかにそうだ、と思えることもある反面、画面上のイメージと実物とのあいだに大きな乖離《かいり》があると感じることもある。大雑把に言えば、キャスターやアナウンサーなどテレビ出演を生業とする者は人間性を画面に出さない例が多く、政治家などゲスト出演者はつい本性を画面で見せてしまうことが多い。その差は結局訓練の差である。その点ハーフは、シライジッチをコーチし、その本性を隠すことに成功した。シライジッチがテレビ出演したときのメイクアップも効果をあげている。当時のビデオを見ると、シライジッチの表情には常に陰影が深く刻まれている。それは、硝煙と血の臭い漂うサラエボから到着したばかりの悲劇の主人公の憂いを印象的に表現していた。

国際情勢は激しく動いていた。

五月二十七日には、迫撃砲弾がパンを買うために並んでいたサラエボ市民の列を直撃し、十六人が一度に死亡した。二十九日には、市街に初めてミサイルが撃ち込まれ十人が犠牲になった。それまでは迫撃砲や戦車砲の攻撃が中心だったのだ。サラエボはこの世の地獄と化していた。

この事態に対して国連は二つの互いに矛盾するメッセージを送っていた。

五月三十日、ミサイル攻撃の翌日、国連安全保障理事会はユーゴスラビア連邦に対して、包括的な経済制裁決議を採択した。ほぼすべての輸出入が禁止され、食料や医薬品の輸入にも制限が加えられた。

一方で、六月二日、ガリ事務総長はボスニア紛争に関する報告書を提出した。セルビア人を非難しながら、ほかの民族の責任も指摘する内容だった。セルビア人だけが悪いのではない、という意味にとれた。そのうえ、ボスニア・ヘルツェゴビナ領内に住むセルビア人は、本国であり隣国であるセルビア共和国の政権の指示は受けていない、と記されていた。

「セルビア人がすべての悪の根源であり、彼らは本国セルビア共和国と一体となって独立国ボスニア・ヘルツェゴビナを侵略している」

というメッセージを発信しているハーフとシライジッチにとって、許し難い国連事務総長報告だった。

一週間後、その怒りをトークショーで表明する機会が訪れた。

六月九日、ABCの平日夜の報道番組『ナイトライン』は、シライジッチを初めてゲストに迎えた。シライジッチはそのときCSCE（欧州安全保障協力会議）の会合でボスニア・ヘルツェゴビナ政府への支援を訴えるためフィンランドの首都ヘルシンキにいた。衛星中継での番組参加だった。

『ナイトライン』は数ある報道番組の中でも、ハーフが最も重視していたものだった。

ハーフは、ヘルシンキのシライジッチにファクスを送った。

「『ナイトライン』は、アメリカの政策決定者に最もよく見られている番組だということがわかっています。この機会を絶対に逃してはなりません」

『ナイトライン』は午後十一時半から、その時どきの政治上の話題を三十分で伝える番組だ。キャスターのテッド・コペルは、テヘランのアメリカ大使館占拠事件で名をあげたテレビジャーナリストだ。以来、二十年以上にわたってこの番組のキャスターをつとめている。同じABCの午後六時半のニュース番組『ワールドニュース・トゥナイト』のキャスター、ピーター・ジェニングスが、より「司会者」に近く、日本で言えば久米宏的なタイプであるとすると、コペルはよりジャーナリスティックで筑紫哲也的なタイプと言える。番組は一日一テーマが原則で、一つの話題に時間も長くとれるため、ゲストへの質問はより厳しく、掘り下げたポイントをついてくる。シライジッチの「改造」がどれだけ成功しているか、試すのには絶好の機会だった。

時差の関係で番組の収録は早朝に行われることになっていた。朝が苦手なシライジッチが予定をすっぽかすことのないよう、ハーフは念を押した。

シライジッチは、時間どおりヘルシンキの中継ポイントに現れた。

その日の『ナイトライン』のゲストは、シライジッチともう一人、『ニューヨーク・タイムス』紙のコラムニスト、アンソニー・ルイスだった。キャスターのコペルは、まず、二人のゲストを紹介した。ルイスの風貌《ふうぼう》は弱々しく、画面から受ける印象は「老人」だった。ルイスはペンでは絶大な影響力を誇っていたが、テレビ向きではなかった。それが画面に出ていた。

コペルは続いて、

「ボスニア・ヘルツェゴビナのシライジッチ外務大臣です」

と、ヘルシンキから中継で番組に参加するシライジッチを紹介した。

画面にスーパー表示されたシライジッチの名前の綴《つづ》りは間違っていた。ABCのスタッフはなじみのないボスニア・ヘルツェゴビナの政治家の名前を正しく表記できなかった。

だが、シライジッチの顔が画面に映った瞬間、番組はシライジッチのものになった。

シライジッチの表情には、たった今、流血のボスニア・ヘルツェゴビナからやってきた人間の悲しみと怒りが現れていた。それは演技だった。しかし、コペルは圧倒された。

コペルはシライジッチへの第一問として厳しい質問を用意していた。

「なぜ、アメリカがボスニア・ヘルツェゴビナなどに関わりを持たなくてはいけないのか、アメリカのメリットはいったいどこにあるのか?」

という問いだった。

シライジッチとハーフにとって、それがいちばん困る質問だった。軍事力を行使し、莫大《ばくだい》な金と、場合によっては若い兵士の命と引き替えにして、アメリカが遠くバルカンで得るものなど何もないのは明らかだ。

だが、コペルは、スタジオに設置された大型モニターいっぱいに映ったシライジッチの表情にプレッシャーを感じたようだった。そして、この第一問を聞く前に、

「これは、あなたにとってはもしかしたら馬鹿げた質問に聞こえるかも知れませんが」

と、言う必要のないことを付け加えてしまった。それはシライジッチにおもねる言い方だった。

たとえ相手がアメリカ大統領であっても、遠慮なく鋭い質問をぶつけてきたコペルにとって、この一言はまったく余計だった。自分の質問が当を得ていないと自ら言っているようなものだった。

シライジッチは一気に優位に立った。

コペルの質問の後、シライジッチは、二秒あまりの間、声を発しなかった。それはもう一人のゲスト、ルイスがどの質問に対しても間髪を入れずに答えていたのとは対照的だった。その沈黙は、質問者に対して向けられた怒りを表現していた。

テレビにおける二秒強の沈黙は長い。画面には言いようのない違和感と緊張感が漂った。

ようやく口を開くとシライジッチは、

「なぜか、ですって?」

と言った。何という不適切な質問なのか、と言わんばかりだった。

「サラエボでは、毎日無実の市民が殺され、血を流しているからです。怪物のような連中がはびこっているのです。こういう人道に背く行為を、決して傍観して見過ごしたりはしないのが、アメリカという国の責任と誇りだからです」

そして、

「Enough is enough, that's why.(もうたくさんなんだ。それが理由だ)」

と続けた。

最後の一言は、怒気《どき》を含んでいた。他の出演者にはない迫力をもっていた。しかし、この感情の発露は、計算されたテクニックだった。

シライジッチは外務大臣という公職にある人間である。だからコペルが「アメリカの国益はどこにあるのか?」と、外交のプロとしてのシライジッチに質問するのはおかしいことではない。だがシライジッチは、サラエボで苦しむ市民の代表、ひとりの人間として発言した。その言葉はコペルの質問への回答にはなっていないが、視聴者の心に直接訴えたのだ。質問するコペルが、人間として当然のモラルを持ち合わせていないようにさえ見えた。

シライジッチのインタビューはCMを挟んで十分ほど続いた。最初のやりとりで優位に立ったシライジッチは、繰り返しサラエボで今何が起きているかを語り続けた。歴史の講義や政策論はなかった。途中、ルイスも発言を求められたが、シライジッチの迫力に引きずられるように、モスレム人寄りの発言をした。コペルの発言は最後までシライジッチに気を遣ったものとなり、「アメリカのメリット」問題の追及も中途半端に終わった。

この日のシライジッチは、自らの「改造計画」が着実に進んでいることを証明した。シライジッチ自身、この成功には至極満足している。私は、サラエボでシライジッチにインタビューしたとき、この『ナイトライン』のビデオを本人に見せた。シライジッチは嬉《うれ》しそうに、画面に映る自分の話しぶりを見て、

「本当に多くのことを私は学んだんだ。これがその成果だ」

と自画自賛した。

ハーフはこの放送をワシントンで見ていたが、結果に満足しきってはいなかった。シライジッチを一人の市民として演出し、サラエボの悲劇を訴える。その戦略には成功した。しかし、この方法が長くは続かないこともわかっていたからだ。

人間の「慣れ」とは残酷である。シライジッチのテレビ露出が増え、サラエボ攻撃の映像がより多く放送されるようになれば、遠からず人々は慣れ、飽きてしまう。シライジッチの迫真の訴えを聞いても市民の流血を見ても、何も感じなくなるだろう。そして、アフリカや中東など、世界の他の場所で起きるもっと「新鮮な」紛争の話題に世論はすぐに関心を移してしまうだろう。

ボスニア・ヘルツェゴビナに注目を集め続けるためには、何か別の工夫が必要なのだ。ハーフが探していたのは、人々の心の奥底に触れるキャッチコピーだった。

第六章　民族浄化

"Ethnic Cleansing（民族浄化）"
このキャッチコピーを、ハーフはじつに効果的に利用した

「民族浄化」という言葉がなければ、ボスニア紛争の結末はまったく別のものになっていたに違いない。その後続いたコソボ紛争の結末も違ったものになり、セルビアの権力者ミロシェビッチ元大統領が、ハーグの監獄で失意の日々を送ることもなかっただろう。二十一世紀の国際政治の姿も、なによりバルカンの多くの人々の運命が違ったものになっていたはずだ。

紛争で失われた数多くの命は、そのひとつひとつがはかり知れない重さを持っている。その命を銃や大砲やそのほかさまざまな方法で奪った者たちの責任はきわめて重い。そうであるからこそ、この言葉が持つ意味と、それがボスニア紛争において果たした役割も重いというべきである。

「民族浄化（ethnic cleansing）」という言葉を私が最初に目にしたときの衝撃は今も鮮明におぼえている。一九九二年の八月、駆け出しのディレクターだった私はオリンピック放送チームの一員としてスペインのバルセロナにいた。中継を担当する競技会場へ急ぐ途中、地下鉄の駅の売店で見かけた『ニューズウィーク』誌の表紙に大きく印刷されたこの言葉を見て思わず手にとり、放送の時間が迫るのも忘れて記事を読みふけった記憶がある。

そのとき、表紙の「ethnic cleansing」という文字がなければ、通りすがりの週刊誌に気を取られることなどなかっただろう。

この言葉は、異様な力を持っている。

アメリカの公共ラジオ放送NPRの記者として、早い段階から現地でボスニア紛争を取材していたシルビア・ポジオリ記者は語っている。

「“cleansing（清潔にすること）”というのは、本来肯定的な言葉です。たとえば、汚れた服を

"cleansing" するときれいになりますよね。そういう言葉を『民族を除去する』という意味で使うなんて本当にぞっとするような表現です。とくに欧米の人々には特別なインパクトを持つ言葉になりました」

『ニューヨーク・タイムス』紙のバーバラ・クロセット記者は言う。

「"民族浄化" と言ってもよい現象そのものは、他の場所、たとえばルワンダでも起きていました。ボスニア紛争が他の紛争と違ったのは "民族浄化" という言葉が、ひとつのキャッチフレーズとして使われたことなんです」

『ワシントン・ポスト』本社で国際問題を担当していた編集者アル・ホーンは、

「"民族浄化" はあっという間に、あらゆるメディアが使いまくる言葉になってしまったんです。言葉の持つイメージが一人歩きしてしまい、具体的な事実があろうがなかろうが濫用されて、誰も止められなくなっていました」

と語っている。

それほど重要な役割を果たした言葉だが、それが正確にはどのような事態を意味しているのか、はっきりしないところがある。

ロングマンの英英辞典には、

「あるグループの人々を、その人種や宗教を理由に、通常は力によって、また時には彼らを殺すことによってひとつの地域から移動させること」

とある。つまり殺人を伴う行為なのかどうかという重要な点がはっきりしないのである。「民族浄化」という言葉を使った場合、時にそれは民族の「虐殺」を意味し、時に意味しない。それは、そのあいまいさを意識的に利用できる言葉だということでもある。

ロングマンの辞書には、続けて、

「この言葉はボスニアでの戦争を通じて有名になった」

とあるように、はっきりしているのは、この言葉がこの年の夏ごろから突然世界のメディアを席巻するようになったということだ。

「民族浄化」について、ルーダー・フィン社がボスニア・ヘルツェゴビナ政府に提出した報告書には、こう記されている。

「一九九二年春、第一段階。アメリカの政策決定者と各国指導者の脳裏に注入するボスニア紛争の情報量を劇的に拡大し、大きな衝撃を与える作戦を発動した。そのために〝民族浄化〟が注目を集めるように取り計らった」

ハーフは言う。

「私たちの仕事は、一言で言えば〝メッセージのマーケティング〟です。マクドナルドはハンバーガーを世界にマーケティングしています、それと同じように私たちはメッセージをマーケティングしているんです。ボスニア・ヘルツェゴビナ政府との仕事では、セルビアのミロシェビッチ大統領がいかに残虐な行為に及んでいるのか、それがマーケティングすべきメッセージでした」

マーケティングには、効果的なキャッチコピーがつきものだ。それが「民族浄化」だった。

アメリカ政府の動きは引き続き鈍かった。国連が決めた経済制裁には従う姿勢を示していたが、自ら主導権をとりセルビア制裁に立ち上がる様子は見えなかった。

国務省報道官だったマーガレット・タトワイラーは述べている。

「わが国は湾岸戦争で、四十五ヵ国の連合軍を率いてサダム・フセインをクウェートから追い出したばかりでした。フランクリン・ルーズベルト大統領からこのかた、すべての政権にとって、好むと好まざるとにかかわらず〝石油〟こそがアメリカの国家安全保障上の重要な関心事なのです。バルカンの問題は、米国の安全保障には関わりのないことです。ボスニア紛争も、所詮《しょせん》はアメリカにとって、〝ヨーロッパの裏庭〟の出来事でした。だからこの問題は、私たちの手を煩わさずにヨーロッパの人々に解決してもらいたいものだ、と当時の政権は考えていたんです」

それは政府だけのことではなかった。

「大半のジャーナリスト、それから研究者もシライジッチの主張を懐疑的な目で見ていましたよ。アメリカが、世界中の紛争すべてに関わることなどできるわけがないじゃないか、という意見も多かったですねえ」

と、『ワシントン・ポスト』紙のアル・ホーンはアメリカの空気を振り返っている。

そのころボスニア・ヘルツェゴビナ政府から、サラエボに三台しかない衛星電話を経由して、それまで聞いたことのない方法でセルビア人がモスレム人を攻撃している、という情報がハーフのもとに入るようになっていた。

首都サラエボは引き続き包囲され、連日砲銃撃を受けている。それは以前と同じだったが、新しいニュースは、サラエボ以外の地域からもたらされていた。

セルビア人が占領した地域で、モスレム人だけを選別し、家から追い出し、長年住み慣れた村や町から追放している、という情報だった。

ハーフはこの情報にすかさず目をつけた。

アメリカ人の心の奥底を直撃する何かがそこには潜んでいた。

「たとえば、石油のようなわかりやすい経済的な利害関係がないことは、ボスニア紛争にアメリカ人の関心をひきつけるには、不利な条件でした。しかし、私たちは、もっと高度な視点から人々の心に訴えかけることにしたのです。それは民主主義と人権の問題です。私たちの国アメリカは、まさにこのふたつの価値観を基盤として成り立っているからです」

サラエボで無防備な市民が殺されていく映像は、たしかにショッキングだった。しかし、どんなホラー映画でも何回も見れば慣れてしまうように、流血シーンの効力には限界があった。それよりも「民主主義」「人権」という言葉にアメリカ人が持つ郷愁は、彼らの人格のはるかに深い部分に根ざしている。子供の頃から繰り返しその大切さをたたき込まれている言葉であり、この価値観を侵害する連中は、確実にアメリカの敵であると誰もが自動的に考えるようインプットされている。そして、人々に銃を突きつけ、理由もなく住み慣れた街から追い出すという映像は「基本的人権の侵害」を絵に描いたようなものだった。

もう一つ、この「追い出し」の行為から、人々が必ず連想することがあった。

それは、第二次大戦の忌まわしい記憶である。

ある民族に属する住民が追い立てられ、列を作り、広場に集められ、とぼとぼと歩いて行く。その光景は、ナチスのユダヤ人迫害の光景とそっくりだ。それは、西欧に住むすべての人々の心にあるトラウマを見事に刺激した。

ハーフは、セルビア人と「ナチス」との類推に関し、きわめて慎重かつ巧妙な戦略をとった。

ハーフは何度も強調する。

「私たちは、〝ホロコースト〟あるいは〝ホロコーストのようだ〟という言葉を絶対に使わないように徹底しました。その言葉は第二次大戦に起きたことだけのために使われるべき言葉です。ボスニア・ヘルツェゴビナで起きたことはたしかに信じがたいほどひどい出来事でした。それでも〝ホロコースト〟とは区別されるべきだとわれわれは考えたのです」

記録を見ても、ルーダー・フィン社の文書に、「ナチス」とか「ホロコースト」という表現はない。それらを直接口にすることは注意深く避けられている。

それはなぜか？　ホロコーストを引き合いにだして、セルビア人をナチスになぞらえたほうがPRの効果は大きいのではないか？

ハーフ自身が、第二次大戦で起きたことはその規模や残虐さにおいて、比較にならないほど重大なことだった、と本当に信じていたこともたしかだ。だが、この慎重なPR戦略には、他にも理由がある。

「三人のジム」の一人は言う。

「じつは、ボスニア紛争の前、クロアチア政府に雇われて仕事をしたとき、セルビア人を非難するために一度〝ホロコースト〟を使ったんです。そうしたら、アメリカのユダヤ人社会はこの言葉が使われたことについて不快感をあらわにしました。その教訓から、私たちは〝ホロコースト〟という言葉を避けるようにしたのです」

自らがユダヤ人であるCEOのデビッド・フィンも声を強めてこう発言する。

「ドイツでは、六百万人のユダヤ人が殺された。ナチスは世界からユダヤ人を完全に消し去ろうとした。ナチスはユダヤ人を人間として扱わなかった。しかもそれが国家の政策として行われたんだ。ボスニア・ヘルツェゴビナで起きたことはたしかに悲劇だと思うが、ホロコーストとは比べられない。そういう比較は賢明な人間のすることではない」

セルビア人たちをナチスになぞらえ、ＰＲに利用することは、ユダヤ人社会にホロコーストの犠牲者を冒瀆《ぼうとく》している、と受けとられる可能性があった。それは危険な両刃の剣だった。

三人のジムの一人は証言する。

「セルビア人たちは、実際には現代のナチスと言っていい連中でした。でも私たち自身の言葉で、彼らはナチスのようだと訴える必要はなかったのです」

ハーフは別の策をとった。

「私たちは、ホロコーストのかわりに別の表現を見つけださなくてはならなかったのです。それがたとえば〝民族浄化〟だったんです」

「民族浄化」という言葉を「三人のジム」に教えたのは、ボスニア・ヘルツェゴビナ政府の前に契約を結んでいたクロアチア人である。

これはバルカンには以前からある言葉だ。現地で広く用いられているセルボ＝クロアチア語の「エトゥニチコ・シチェーニェ」という言葉が元になっていて、第二次大戦の時、セルビア人とクロアチア人との間で戦われた民族紛争で使われていたのだ。当時クロアチアにはナチスの傀儡《かいらい》政権があり、多民族が混住していたクロアチアを無理やり「クロアチア人の純血国家」だとする政策をとった。そして、異民族である「セルビア人狩り」を行った。それは、クロアチアに住む百九十万人のセルビア人のうち、おおよそ六人に一人が殺されるというすさまじい虐殺だった。そのとき「民族浄化」という言葉が使われたのである。

抵抗するセルビア人たちも、自らの支配地域に住むクロアチア人を殺し、追い出した。セルビア人の指導者も「民族的に純粋なセルビア国家」の理想を説き、他の民族の「浄化」を命じた。

戦後、チトー政権ができ、その政策でユーゴスラビアは多民族共存の国家ということになった。そしてバルカンのこの呪《のろ》われた言葉も歴史の中に封印され、一部の学術書などで英訳されることはあったが、メディアで使われる一般的な英語の語彙《ごい》にはならなかったのだ。

「三人のジム」は、ボスニア・ヘルツェゴビナの前のクライアントのクロアチア人が、セルビアを非難するために「民族浄化」という言葉を使っていたのを聞いた。そしてボスニア・ヘルツェゴビナ政府と契約し、セルビア人によるモスレム人の「追い出し」のニュースが入るようになるとその「民族浄化」を徹底的に使った。シライジッチ外相の国際会議での演説原稿、ボスニア・ヘルツェゴビナ大統領イゼトベゴビッチからガリ国連事務総長への手紙、ルーダー・フィン社自身が発行する「ボスニアファクス通信」など、マザレラの言葉を借りれば「われわれは、ほとんどすべての文書で〝民族浄化〟を使った」のである。

ハーフは、

「〝民族浄化〟というこの一つの言葉で、人々はボスニア・ヘルツェゴビナで何が起きていたかを理解することができるのです。『セルビア人がどこどこの村にやってきて、銃を突きつけ、三十分以内に家を出て行けとモスレム人に命令し、彼らをトラックに乗せて……』と延々説明するかわりに、一言“ethnic cleansing（民族浄化）”と言えば全部伝わるんですよ」

と語っている。それは、まさにキャッチコピーの勝利だった。

じつは、はじめセルボ＝クロアチア語の原語を訳す英語には二種類あった。「ethnic purifying

（エスニック・ピュリファイイング）」と、「ethnic cleansing（エスニック・クレンジング）」である。「エスニック・ピュリファイイング」も六月初め頃のシライジッチの演説原稿などには登場する。しかし、ルーダー・フィン社が関係したさまざまな文書では、すぐに「エスニック・クレンジング」に統一されている。英和辞書を見ると、いずれも「浄化」と訳せるが、「ピュリファイイング」のほうは「純化」とも訳せる言葉で、宗教的な意味あいが強い。それに対して、「クレンジング」のほうは、台所の「クレンザー」のように、より日常的な場面で「汚れを落とす」というときに用いられる。

ジム・マザレラは、

「エスニック・ピュリファイイングはやや論理的な響きがする言葉です。エスニック・クレンジングのほうがより“chilling（心をぞっとさせる）”な響きを持っているんですよ」

と二つの訳語のキャッチコピーとしての力の違いを説明している。人間をゴミあつかいしている。基本的人権をまったく無視している。そうした訴えを、聞く者の心に響かせる言葉は「エスニック・クレンジング」のほうだったのである。

ハーフとシライジッチがあらゆる機会を通じて「民族浄化」を伝え始めると、この言葉はメディアの間で一気に広まっていった。それは常に、セルビア人の行為を非難するために使われた。

当時、ECの和平特使の職にあったイギリスの元外相キャリントン卿は、

「セルビア人も、クロアチア人も、モスレム人も、誰もが同じことをしていたのだ。にもかかわらず、セルビア人が被害者となり、他の民族に追い出された場合には〝民族浄化〟とは呼ばれなかった」

と、この言葉の不公平さを指摘している。

『ワシントン・ポスト』紙のアル・ホーンは、

「"民族浄化"というあまりにも象徴的な言葉を使うことで、紛争の現実が必要以上に単純な構図として伝えられたとは思います。現地の事態は、はるかに複雑なものでしたからね」

と告白している。

そして、『ニューヨーク・タイムス』紙のベテランコラムニスト、デビッド・ビンダーは苦々しそうに、

「"民族浄化"は第二次世界大戦のあの忌まわしい記憶を利用した言葉なんだ。この言葉には具体的な意味がないのに、感情だけをむやみに刺激してしまったんだ」

と指摘する。「民族浄化」には「ホロコースト」と言わずに「ホロコースト」を思い起こさせる力があったのである。

そのころシライジッチは、あいかわらずサラエボには帰らないまま各国を飛び回っていた。ヘルシンキで六月九日に『ナイトライン』に出た後は、月末までにワシントン、ニューヨーク、イスタンブール、北京、ストラスブール、ロンドンを訪問し、国際会議出席や各国首脳との会談を続けた。「三人のジム」は、演説の草稿を準備し、記者会見をセットし続けた。

記者会見には、会見場で行われる正式のものもあれば、「ステークアウト（stakeout）」と呼ばれる、会議や会談が行われる建物の出入り口で一瞬立ち止まって周囲の記者に答える形式のものもある。後者は日本語では「ぶらさがり」（取材対象者にぶらさがるようにして聞くから）と呼ばれている。ハーフは、正式の記者会見だけでなく「ステークアウト」にも多くのメディアやカメラ

が集まってくるよう巧妙に仕向けた。その映像は現在も数多く残されており、シライジッチは、そのほとんどすべての機会を利用して「民族浄化」という言葉を用い、セルビアを激しく非難している。

じつは、シライジッチは本心では「民族浄化」という言葉を使うことに反対だった。言葉としてそれでは生ぬるいと思っていたのだ。

「〝民族浄化〟は本来なら〝虐殺（genocide）〟というべきところを、響きのよい言い方にした婉《えん》曲《きょく》表現にすぎません。正しくは〝虐殺〟というべきなんです。それが〝虐殺〟という表現を使ってしまうと、国際条約の規定によって各国の政府はその阻止のため、具体的な行動をとらなくてはならなくなります。それは困るので、〝民族浄化〟という言葉が好んで使われていたんだと思いますよ。私は世界の人々に、あのホロコーストの映像を鮮明に思い出してほしかったんです。それにはこんなあいまいな言葉ではだめだと思っていました」

シライジッチは、やはりPRのプロではなかったのだ。実際には、「民族浄化」という言葉は、人々にホロコーストを思い出させるうえで非常に効果的だったのである。

シライジッチは、心の底では納得していなかったが、「民族浄化」を流布する伝道師のように各地でこの言葉を口にして広めた。

「民族浄化」キャンペーンを繰り広げ始めたハーフは、さらに次々と手をうった。

ハーフは、イゼトベゴビッチ大統領の首席補佐官だったサビーナ・バーバロビッチにファクスを送った。

「今後、サラエボ以外の場所で起きたセルビア人の行為について広く問題にしたい。その事例をぜひ送ってほしい」

大統領の娘でもあるサビーナは、この要請に応え、各地から寄せられた情報をかき集めてワシントンのハーフの元に送った。

その結果をまとめた文書が、六月二十八日、ハーフの手で配布されている。そこには、四ページにわたり三十件の「民族浄化」の事例がつづられている。ルーダー・フィン社が配るプレスリリースは、通常は読みやすいようにA４判一枚に収められていて行間も広い。一見して読むのに時間がかかると分かると、即ゴミ箱行きとなる可能性が高いからだが、このときだけは違ったのだ。

びっしりと文字で埋め尽くされた四ページ、という書式そのものが、いかにセルビアの「民族浄化」が数多く起きているかというメッセージだった。そして「民族浄化」という聞き慣れない言葉がメディアにあらわれはじめた今、感度の高いジャーナリストなら、時間を割いてもその具体例が満載されたこの文書を読むに違いなかった。

たしかに、この文書はネタの宝庫だった。

ボスニア・ヘルツェゴビナ北部にある都市、バニャルカでは、五万人のモスレム人が追放された。しかもそれは、セルビア人の市長による命令で、公式に「民族移送事業」と呼ばれているという。また、タバチという村では、セルビア人が、殺したモスレム人の頭部をボールに見立ててサッカーに興じている。あるいはフォチャという町では、幼い子供たちを母親の目前で切り刻み、感想を述べるように命じた。そして、ボスニアの各地に、追い出したモスレム人を閉じこめる「強制収容所（concentration camp)」がある。

文書のどこにも「ナチス」とか「ホロコースト」とは書いていないが、ひとつひとつの事例が、ナチスのユダヤ人迫害の史実を思い起こさせるものだった。

とくに「強制収容所」は後に世界を動かすキーワードになるのだが、この段階では、ハーフはさりげなくこの言葉を使っている。

翌二十九日、シライジッチから国連安保理議長に手紙が出された。その中には、もう一つ、とっておきの新着情報が入っていた。

「ethnic cleansing」という言葉が三回も出てくるこの手紙には、

「ボサンサカ・クライナにいるモスレム人は、常に腕に白い腕章を付けるように命じられている」

という事例が紹介されている。それは、誰の目にもあからさまに「ユダヤ人狩り」を思い起こさせるエピソードだった。この手紙はすぐにメディアに公開された。これが本当なら、大変なことだ。二十世紀の末に再び世界は悪夢を見るのか？　さっそく真偽の確認に走らなければ、そうジャーナリストたちに思わせるのに十分な話だった。各社の記者は、これらの事態をスクープしようと走り回ることになり、その結果、これまでわからなかったさらなる「民族浄化」の実例が明らかになる。この戦略は、やがて巨大な結果を生むことになる。

ハーフが「民族浄化」を広めるため狙いをつけたもう一つのターゲットが、大新聞の「論説委員会議」だった。

『ニューヨーク・タイムス』や、『ワシントン・ポスト』など、アメリカの主要新聞は「論説委員会議」という情報収集のシステムを持っている。論説委員がニュースの主役を呼び、直接話を聞くという会合だ。そこで得た情報を参考にして社説を書くためである。アメリカの新聞では、現地で取材し記事を書く記者と、社説を書く論説委員は完全に区別されている。ハーフは、論説委員に直接働きかけるため、この「論説委員会議」にシライジッチを出席させることを考えた。

「論説委員会議に狙いをつけるというのは、私たちのようなワシントンの住人にとっては、当たり前の初級テクニックにすぎません。しかし、シライジッチ外相のように、バルカンからアメリカに突然やってきた政治家にとっては、まったく未知の出来事だったのです。ですから私はシライジッチ外相に、論説委員会議に出席するとどのようなことが起きるのか、詳細にインプットし万全の備えをさせたわけですよ」

ハーフは、記録に残っているだけでも、『ニューヨーク・タイムス』、『ワシントン・ポスト』、『ウォールストリートジャーナル』という、最も影響力の強い三つの新聞で計七回、シライジッチを論説委員会議に出席させた。これらの新聞の論説委員会議は、まさにアメリカのジャーナリズムの最高峰の現場だ。そこに何回もシライジッチを送り込むことができたということは、ハーフのプロとしての実力を示していた。

会議の模様は各紙とも、最高機密に属する事項だ。通常、取材の許可がおりることはない。ましてや撮影などもってのほかだ。だからその雰囲気は出席できた人しか知らないのだが、今回の取材では、幸運にも『ウォールストリートジャーナル』紙の論説委員会議を数分間撮影することができた。

それは本社ビルの小さな会議室で、中央にひざくらいの高さのテーブルがおかれ、周りに座りごこちのよいソファが並べられている。その大半を論説委員が占めていて、ゲストも同じソファに座ることになる。取材の時に呼ばれていたのは、製薬会社の社長クラスらしく、アメリカの医療政策について熱心に語っている。それを論説委員はコーヒーを飲みながら聞いている。記者会見場で行われる会見では、記者たちが矢継ぎ早に質問を浴びせかけ、スピーカーは間髪をいれずに答える、という緊張感あふれる空気に支配されることが多い。それに比べると論説委員たちはかなりリラックスした雰囲気だ。その中でただ一人、呼ばれたゲストだけが少しでも自説を聞いてもらおうと必死に話しているのである。

しかし、各紙の論説委員会議にシライジッチが乗り込んだときには、論説委員たちはくつろいだ気分でいることはできなかった。

「それはじつに興味深い体験でした。今もはっきり覚えているのは、『ウォールストリートジャーナル』の論説委員会議の様子です。私は部屋の隅の席に座っていたので、出席者の表情をじっくり見ることができたんです。論説委員たちの目の色やうなずき方から、彼らがボスニア・ヘルツェゴビナで起きているできごとの恐ろしさをだんだんと身にしみて感じてゆくのが、手に取るようにわかりましたよ」

『ウォールストリートジャーナル』紙だけでなく、ハーフはすべての論説委員会議に同行した。ハーフはいつも、論説委員たちとシライジッチが作る輪からひとつはずれた場所に席をとった。一人だけ局外者の立場をとり、冷静に会議の状況を観察するためだった。シライジッチは自らの才能と、ハーフから学んだことを百パーセントぶつけた。たった今、戦火のサラエボからやってきて興奮さめやらぬ、という風情で語り続けた。

「論説委員たちは、椅子から落ちそうになるくらいに身を乗り出して聞いていました。彼らはシライジッチ外相の話の内容はすでに情報として聞いていたかもしれません。なにしろ、CIAのリポートだって読むことができる情報収集能力を持っている人たちですから。しかし、シライジッチが情熱を込めて語ったとき、その効果は絶大でした。言葉のひとつひとつが論説委員たちの心に刻みつけられ、それにつれて彼らの顔が刻々と変化していったんです」

ハーフの観察が正しかったことは、こうしたミーティングのすぐ後、その新聞は必ずと言ってよいほど社説でボスニア支持の論陣をはったことで証明される。そのほとんどで「民族浄化」という言葉が使われていた。中には、シライジッチが来社したことに触れ、発言をそのまま引用しているものもある。たとえば『ウォールストリートジャーナル』を訪れたちょうど一週間後に出た社説は、

「先週、ボスニア・ヘルツェゴビナのシライジッチ外相がニューヨークで、セルビア人の攻撃に世界はなぜもっと関心を払わないのかと訴えた。（中略）『セルビアは、月を追うごとに大胆に、隣人たちを征服する野望を隠さなくなっているのだ』とシライジッチ外相は述べた」

とシライジッチの言葉を伝えている。そのあとこの社説は、ボスニアは、湾岸戦争でサダム・フセインのイラクに攻撃されたクウェートの再現だという見方を紹介している。そこにはセルビア人の主張の紹介やコメントの引用などは一切ない。

この事情は他の新聞の社説も同じだ。

『ウォールストリートジャーナル』紙で長く論説委員をつとめ、現在副編集長の座にいるジョー

ジ・マローンは、

「たしかにわれわれは、ボスニア・ヘルツェゴビナ政府の側に大きく肩入れしていました。でもそれは、私たち自身が、彼らこそが犠牲者だったと感じたからそうしたのですよ」

と、それが自らの判断だったことを強調する。

違う見方もある。

『ニューヨーク・タイムス』紙のコラムニスト、デビッド・ビンダーは、

「シライジッチは人を扇動する能力にたけて、嘘《うそ》をつくのも上手な男だった。あの男はおそろしく大きな力を発揮して、紛争の行方を左右してしまったんだ。その一方で、各紙の論説委員会議はボスニア・ヘルツェゴビナ政府だけと接触して、セルビア人からは情報をとろうとしなかった。それが問題なんだ」

と述べている。


七月以降、三大紙の紙面に「民族浄化」という言葉が文字通り毎日飛び交うようになった。データベースで『ニューヨーク・タイムス』紙の「ethnic cleansing」という言葉をサーチすると、一九九二年の六月まではほとんどヒットしないが、七月には二十三件、八月には五十五件ヒットする。その後もこの年いっぱいほぼ連日「ethnic cleansing」という言葉が紙面を飾っていたことがわかる。アメリカの有力新聞は、アメリカはもちろん先進国すべての政治家たちに特別な影響力をもっている。すぐに「民族浄化」は、西側諸国の政治家たちの口にのぼるようになった。その多くの場合、「民族浄化」にはナチスが結びつけられた。たとえば、カナダの外務大

臣、バーバラ・マクドゥガルは「民族浄化は、ナチスの行為の再来である」と記者会見で語り、ボブ・ドール上院議員は、プレスリリースの中で「ミロシェビッチはもう一人のサダム・フセイン、いやヒトラーである」とまで言っている。

ハーフの目論見は当たった。

そのころ、同じワシントンで、「民族浄化」という言葉に目をみはり、自分たちもその威力を利用できないだろうかと考えていた組織があった。

それは、アメリカの外交政策を司る国務省だった。

第七章　国務省の策謀

ベーカー国務長官の信頼が厚かった、タトワイラー報道官
©共同通信

「バズワード（buzzword）」という英語の表現がある。「民族浄化」はバズワードの典型だ。『ニューヨーク・タイムス』紙のクロセット記者も、

「〃民族浄化〃はあっという間にバズワードになってしまった」

と証言している。

「バズ（buzz）」は、蜂《はち》がぶんぶん飛ぶ、という時の「ぶんぶん」にあたる。メディアの中をうるさいほどに飛び交うはやり言葉、という意味である。同時に、公式のあらたまった場で使われるべき言葉ではない、というニュアンスも感じられる。あくまではやり言葉であって、しばらくすると顧みられなくなる言葉ではないか、ということである。

だが、「民族浄化」は単なるバズワードに終わらなかった。当時ボスニア紛争でセルビア人が行った非人道的行為について用いられたこの言葉が、現在では世界各地で起きる同様の行為をさして頻繁に使われ、辞書にものる英語の一つの語彙《ごい》になっている。

ハーフが徹底して使った「民族浄化」を権威づけ、単なるバズワードから脱却するきっかけを作ったのは、アメリカ政府、国務省だった。

『ワシントン・ポスト』紙のアル・ホーンは、

「〃民族浄化〃は、国務省のブリーフィングで使われたことで、ジャーナリストや官僚、議員たちに、正式の用語とみなされるようになったんです」

と説明する。

国務省は、なぜ、一抹のあいまいさも残るこの言葉を公式の場で使ったのだろうか？

アメリカ国務省（Department of State）は、日本やその他多くの国で「外務省（Ministry of

Foreign Affairs)」がする仕事をしている。各国の外務省の業務の大半は、自国と外国の関係を調整し国益確保をはかることだが、アメリカ国務省の場合、アメリカと諸外国の間の関係調整だけでなく、外国と外国の紛争や対立を調停するという役割が非常に大きい。

ハーフは、

「ソ連が崩壊した後、アメリカの地位は唯一の超大国という、世界のどの国とも違ったものになりました。そうである以上、私は個人として、またPRのプロとしても、今や特別な国となったアメリカの国民として、さまざまな問題に苦しむ世界の国々に手を差し伸べ事態の解決に貢献してゆく責任があると思っています」

と語っている。アメリカでは、民間の一企業人でも、国際政治に関与してゆくことを自分の責務だと考えている。ましてや、国務省には世界の問題を自分たちが解決し動かしてゆくのだ、という使命感は強い。

国務省は、ワシントンの官庁街の中では、人けの少ない場所にある。

ワシントンは、アメリカの多くの都市がそうであるように、碁盤の目のように東西南北に走る道路で区切られている。東西に走る道には、Hストリート、Iストリートなどというアルファベットの文字がつけられ、南北に走る道は二十三番アベニュー、というように数字で呼ばれる。さらに碁盤の目を斜めに貫く道がいくつかあり、それらにつけられているのはアメリカの州の名前である。

街の中心には「モール」と呼ばれる幅広い帯のような形の芝生の公園がある。札幌の大通公園を数倍大きくしたようなものだ。各官庁はその周囲を取り囲むように並んでいる。ホワイトハウスはモールの北側、国会議事堂は東の端だ。大半の官庁はホワイトハウスより東にあり、にぎやかな官庁街を形成しているが、国務省だけはモールがもう少しでポトマック川にぶつかって終わる、という西の端の近くにある。もし観光でワシントンに行き官庁を見学するとしたら、国務省はおすすめできない。正面の幅が二百メートルほどもある、よく言えばシンプルで実務的な建物だが、デザイン的にはホワイトハウスや財務省のような特徴がないし、見学を終えて外に出ても、周囲にレストランやカフェはほとんどなく、のどが渇いてもミネラルウォーター一本買うのにさえ苦労することになる。

その国務省の殺風景なビルの中で、幹部たちは、ボスニア紛争をどう扱うか検討を重ねていた。セルビアとその実力者、ミロシェビッチを徹底的に叩《たた》け、という意見と、これはあくまで地域的な内戦であり、アメリカの過度な関与は必要なく危険でさえあるという考え方に分かれていた。

その頃の国務省は、トップにジェームズ・ベーカー長官、副長官がラリー・イーグルバーガー、報道官にマーガレット・タトワイラー、欧州担当次官補にトーマス・ナイルズ、国際機関（国連など）担当次官補にジョン・ボルトンという布陣だった。それぞれが異なったバックグラウンドを持つ、多士《たし》済々《せいせい》のメンバーである。

ブッシュ政権の外交政策を担っていた彼らの多くは、その後クリントン政権時代の八年間公務から離れていたが、元大統領の息子が大統領になると、再び政権入りしたりして権力の周辺に戻ってきた。ベーカーはブッシュ（父）がテキサス州選出の下院議員だったころからの選挙参謀で、三十年来の親友だ。クリントン政権時代はテキサスに戻りIT関連の大企業の役員を務めていた。二〇〇〇年の大統領選ではブッシュ（子）選対の重鎮を務め、民主党ゴア候補陣営とフロリダ州の開票をめぐって激しく争ったとき、ブッシュ陣営を代表して記者会見の席に何度も立ち、当選が正当であることを訴えた。

またタトワイラーは、携帯電話の業界団体の役員になっていたが、ブッシュ（子）政権の広報部門の責任者となってホワイトハウスに戻った後、モロッコ大使に転身している。ボルトンは、資格を生かして弁護士事務所をワシントンに開いていたが、息子のブッシュによって国務次官に抜擢《ばってき》され、現在アメリカの安全保障政策立案の中心を担っている。

国務省と並んでバルカン政策に深く関わった国防総省のスタッフも同様で、ブッシュ（父）政権で国防長官だったチェイニーはクリントン政権時代は民間企業の役員に迎えられていたが、副大統領に返り咲いた。軍のトップである統合参謀本部議長だったパウエルは、国務長官となって政権の中枢に戻ってきた。

政権が代わるごとに主要スタッフや高級官僚が入れ替わり、優秀な人材が民間と役所を往復する、という日本では考えられないやり方は、彼らがPRのセンスを磨くという意味でプラスに作用していることは間違いない。

一例をあげれば、ジョン・ボルトンは一九九二年八月に開かれた国連の人権委員会で、ユーゴスラビア非難の論陣をはったとき、優れたPRテクニックを駆使している。

ボルトンの厳しい指摘に反論してユーゴスラビアの代表が、

「われわれは人権侵害などしていない」

と発言するとボルトンはすかさず、用意していた雑誌『タイム』を取り出した。表紙にはセルビア人に捕らえられ、鉄条網ごしにやせ衰えた上半身を晒《さら》すモスレム人がいっぱいに写し出されていた。その『タイム』を両手で高く掲げると、一言、

「どんな言葉より、写真が真実を語っている」

と言い、あとは無言で議場の隅々まで見えるように、各国の議席の方向に『タイム』を掲げて見せた。議場は静まり返り、全員がボルトンと表紙の写真に注目した。その様子はテレビのクルーも取材しており、映像が世界に配信された。何時間もある会議で、編集を経て実際に配信されるのは数十秒に過ぎないが、この日は各社ともに、当然のようにこの場面を選んだ。

このときのことについて、ボルトンに聞くと、

「私は、弁護士として法廷で十分に訓練を積んでいるからね。自分の主張をどうすれば印象的にアピールできるか、その方法は心得ているつもりだ」

と答えた。

この話には、おちもある。ドイツのジャーナリスト、トーマス・ダイヒマンが戦後現地を訪れ調査したところ、この映像は、やせたモスレム人の男が鉄条網で囲まれた収容所に閉じこめられているように見えるが、よく見ると鉄条網の針のとがった部分は、やせた男の方向ではなく、撮影したカメラマンのほうを向いている、というのだ。それもそのはず、じつはこの鉄条網はカメラマンの背中の側にあった（つまり写真には写っていない）倉庫や変電設備を囲うためのもので、やせた男を収容するためのものではなかったというのである。しかしもちろん、ボルトンがこの『タイム』の表紙写真を利用したときは、そのようなことは話題にもならなかった。そして、そのPR効果は絶大だった。

こうしたテクニックを、たとえば日本の外務官僚が心得ているかといえば答えはNOだろう。ボルトンが裁判の場で陪審員を前にしてセンスを磨いたように、PRの技術を高めるには役所の外でしのぎをけずる体験が必要なのである。

国務省では難しい選択を迫られていた。セルビア人の行為が責められるべきであることは間違いなかった。残虐きわまりない人権侵害行為が起きている、という報告は国務省にもあがっていた。タトワイラー元報道官は言う。

「毎朝、情報担当者から情報があげられ、私のデスクに届けられていました。CIAの大統領への報告も読むことができました。そこには、それまでの私の人生で見たことも聞いたこともない恐ろしいことが書いてあったんです。魂を揺さぶられました。こういうことが私自身の人生にふりかかっていないことを、思わず神に感謝せずにはいられませんでした」

タトワイラーは、ブッシュ（父）大統領が一九八〇年に共和党の大統領候補指名を争い、レーガンに敗れたときの選対本部で渉外担当の責任者だった。そのとき弱冠三十歳。ブッシュがレーガン政権の副大統領になると自分も政権入りし、レーガン大統領の副補佐官、財務省報道官を歴任した。そしてブッシュが大統領になると国務省報道官になった。当時は美人でテレビ画面を通しても華があり、アメリカ南部なまりの強い英語を話す彼女の姿は、国務省の記者会見場から強烈なインパクトを発していた。当時『おはよう日本』のディレクターとして、徹夜の勤務の最中、午前二時か三時頃にアメリカとの衛星回線を通じて彼女の記者会見の映像が入ってきたときの印象は今も覚えている。

若くして政権入りし、政治の裏表を知り尽くしていたタトワイラーは、ベーカー長官の信頼を得て、メディア対応だけでなく政策全般についても意見を求められていた。どんなときにも感情に流されず、冷静な判断をくだす彼女は、対セルビア政策でも慎重派に属していた。

「ボスニア紛争の本質は（セルビア人勢力が一方的にボスニア・ヘルツェゴビナを侵略していたのではなく）一つの国の中でおきた内戦だったのです」

と今も語っている。

一方、五月半ばに制裁措置の一環としてワシントンに引き上げてきたばかりのジマーマン駐ユーゴスラビア大使は強硬論者だった。

「われわれはバルカン情勢をさまざまな角度から検討し、六月頃には諸悪の根源はセルビア大統領のミロシェビッチだ、という見方を固めていました」

とジマーマンは語っている。

ベーカー長官自身も、四月にシライジッチと会談し、その言葉に感動して以来、心情的にはモスレム人に同情的で、彼らのために何かしたいと思っていた。六月二十三日、上院外交委員会に出席したベーカー長官は、セルビア側の行為は「完全な非道」であると最大限の表現で非難した。

しかし、国務省の対セルビア政策は大きな矛盾に直面していた。

五月末に発動した国連主導のユーゴスラビア経済制裁は、食料品の輸入にも制限を加える厳しい内容だったにもかかわらずあまり効果をあらわしているようには見えなかった。以前と変わらず、ベオグラードの市場には色とりどりの野菜や小麦粉やありとあらゆる食料品が並んでいた。

私は、取材のとき、車で何回かセルビア国内を数百キロも移動したが、延々と続く田園風景が変わらない車窓の眺めにかなりの退屈を感じた覚えがある。セルビアはヨーロッパ有数の農業地帯で、国内の農産物だけでも当面国民が食うに困ることはなかった。

そして、セルビアを貫いて流れるドナウ川が経済制裁の障害になっていた。ハンガリーから流れ込み、ベオグラード近郊を通ってルーマニアへと続く大河は、制裁破りの密輸ルートだった。それがわかっていても、ドナウ川の通運に大きな制限を加えることは、流域諸国の経済に打撃を与えることになり、難しかった。

経済制裁が不十分だからといって、さらに強硬な手段をとるとすれば、それは軍事力の行使を意味する。シライジッチやイゼトベゴビッチ大統領が繰り返し要求していたのも、アメリカの軍事介入だった。だが、それは簡単なことではなかった。

肝心の国防総省が軍事力の行使に反対し、

「万一、米軍が地上戦に巻き込まれる事態になったらどうするのか」

と主張していた。

そうなれば、計り知れない損害が発生し湾岸戦争の勝利を帳消しにしてしまう、と言うのだ。それでは、セルビアをどうすればよいのか。論議を決着させるため六月末、ホワイトハウスに国務省と国防総省、大統領補佐官など外交政策に関わるスタッフが集められ、ブッシュ大統領の前で集中討議が行われた。

この会合ではまれにみる大激論が交わされた。席上、国防総省のスタッフが、地上軍を派遣する場合どの程度の人数が必要かを説明した。

「サラエボを確保するだけでも、三万五千人から五万人の兵力が必要です。陸上の通路を確保しようとすれば、さらに百二十五マイルの長さの街道の確保が必要で、その大部分はゲリラが活動するのに理想的な地形です」

石油がある中東と違い、アメリカの死活的な国益がかかっていないボスニア・ヘルツェゴビナのために、そのような危険をおかすことができないのは明らかだった。

タトワイラーの説明はこうだ。

「アメリカが軍事行動をとるとき、大統領は、兵士たちの母親、おばあさん、そして子供に、なぜこの人は死ななければならないのか説明できなければいけないのです」

湾岸戦争で、アメリカ軍は近代兵器の恐ろしさを思う存分見せつけた。最新兵器の実験場とまで言われるような一方的な戦いを実現し、数万人から十数万人といわれるイラク兵を殺す一方、味方の死者を百数十人で収めることで大勝利をアピールした。それがあまりの完勝だったため、今後アメリカが戦う戦争は「犠牲者ゼロ」に限りなく近づかないかぎり、国民は許してくれないという状況になっていた。

こうした事態を最も冷静に見つめていたのが、イーグルバーガー国務副長官だった。

イーグルバーガー副長官は、二回にわたり駐ユーゴスラビア大使館勤務を経験しベオグラードで暮らしたセルビア通だ。二回目の勤務では大使も務めた。数多くのセルビア人と親交を持ち、第二次大戦でナチスに屈しなかったパルチザンの伝統を持つ彼らが本気でゲリラ戦を戦えば、米軍にどの程度の被害が出るか見当もつかない、ということを熟知していた。

ボスニア・ヘルツェゴビナに、国防総省の担当者が想定する大兵力を送り込めば、

「それは第二のベトナムとなるだろう」

とイーグルバーガーは表現した。

そして、人権侵害はセルビア人勢力だけでなく、じつはモスレム人も手を染めていたことに気付いていた。

「バルカンには、ボーイスカウトなんていないんだよ」

同僚であり親友でもあるタトワイラー報道官に、イーグルバーガーは言った。ボーイスカウトとは無垢《むく》で行儀のよい子供のたとえである。つまり、当事者の一方だけが「純粋に善良な被害者」であることなど、バルカンの民族紛争ではあり得ないという意味だった。セルビア人、モスレム人、クロアチア人のすべてが互いを殺し合い、追放し合っている、というのがイーグルバーガーの認識だった。

ブッシュ大統領は軍事行動には否定的な姿勢を固めた。

「アメリカは世界の警察官ではない」

「熟慮して判断した結果、軍事行動には慎重にならざるを得ない」

大統領はそう発言し、ついにブッシュ大統領のもとではボスニア・ヘルツェゴビナに対する本格的な軍事行動はとられなかった。それが実現するのは、三年後の一九九五年、クリントン政権下においてである。

セルビア人を叩《たた》くための軍事力行使という選択肢は封じられた。

しかし、セルビアを、そしてミロシェビッチを放置することはできなかった。ブッシュ大統領には選挙が迫っていた。この年十一月の投票に向け、アーカンソー州知事のビル・クリントンが民主党の大統領候補指名レースで優位に戦いを進めていた。若々しく、暗殺されたケネディ大統領のイメージさえも漂わせていたクリントンは強敵になりそうだった。日に日にメディアに登場する量が増えていたボスニア紛争、そしてセルビア人の残虐行為を前にして、何もしないでいることはクリントン陣営に格好の攻撃材料を与えることになる。

「ミロシェビッチを野放しにするブッシュ」

というイメージは何としても避けなければならなかった。

策を練る国務省の高官たちの目に止まったのが「民族浄化」というキャッチコピーだった。

このころ、ハーフが草稿を書いた、シライジッチからベーカー長官への書簡には、ほぼ必ずこの言葉が盛り込まれるようになっていた。

たとえば、六月二十二日付の手紙には、

「セルビア人は、モスレム人が逃げ込んだ地下室に催涙ガスを注入し、いぶりだしたうえで射殺しています」

と訴えたあと、

「こうした〝民族浄化〟を許さない方策を採ってほしいのです」

と書かれている。

国務省は、この目新しい言葉に秘められたパワーに気がついた。

記者会見や国際会議などの場で、それまで辞書にも載っていなかった「民族浄化」を公式の用語として使い始めた。「民族浄化」を使い、セルビアを、そして、その最大の実力者、ミロシェビッチを世界の「ならず者」に仕立て上げることにしたのである。

国務次官補だったトーマス・ナイルズは言う。

「私たちも〝民族浄化〟を効果的に使わせてもらいましたよ。セルビア人を非難するために、国務省の正式な声明の中でね。それは、彼らの残虐さを伝えるのにうってつけの言葉でしたからね」

ジマーマン元大使も、

「〝民族浄化〟は、耳にする人々のメンタリティーにたいへんな影響をもたらす恐ろしい言葉でした」

と述べている。そして、ミロシェビッチ大統領を「ならず者」にする政策をサダム・フセインの名前を使って解説している。

「われわれは、ミロシェビッチを〝サダマイズ〟することにしたのです。それは、国際政治の舞台で彼を戦争犯罪人のように扱い、すべての国が彼に背を向けるような世論を作ってしまう、ということです」

ミロシェビッチもイラクのサダム・フセインやリビアのカダフィと同様に、自分の名前が「世界のならず者」の列に加えられることは耐え難いと考えるだろう。ミロシェビッチはフセインやカダフィと違い、洗練された銀行家でもあり、紛争が始まる前には、アメリカの有力政治家や官僚とも深い親交があった西側的センスの持ち主なのだ。その彼にとって「民族浄化」の張本人のレッテルを貼られることは耐えがたい屈辱のはずである。

さらに、「民族浄化」には、ヨーロッパ諸国が解決に立ち上がるよう喚起する効果も期待できた。

セルビア人に対して強硬な政策をとることについて、ＥＣ諸国は腰が重かった。ベーカー国務長官がロンドンを訪問し、メージャー首相と会談した時も、セルビア非難で共同歩調をとるよう迫るベーカー長官に対してメージャー首相は首を縦に振らなかった。

「メージャー首相は、このときダウニング街十番地（イギリス首相官邸）の玄関までベーカー長官を見送ろうとさえしませんでした」

盟友であるはずの米英の間にできた溝について、タトワイラー元報道官はそう振り返っている。

ヨーロッパの国々の歩調がセルビア制裁に向けてそろわないことには理由があった。歴史的に、イギリスやフランスはセルビアに親近感を持っていた。第二次大戦では、クロアチアにできたナチスの傀儡《かいらい》政権と死力をつくして戦ったのはセルビア人なのだ。

しかし、歴史のくびきを克服してヨーロッパに動いてほしい、とベーカー長官は考えていた。アメリカが強硬な方策をとらなくても、ヨーロッパ諸国の手でさっさとボスニア紛争が解決されれば、ブッシュ大統領が無策のそしりを受けることもないのである。

そのためにも、イギリスやフランスが動かざるを得ないような国際世論を喚起する必要があった。ベーカー長官は、

「北アイルランドのような際限のない関与が必要になることを恐れるイギリス政府も、世論の関心と批判がどんどん高まっていけばプレッシャーを感じることになる」

と著書で述べている。

ナイルズ元国務次官補は、

「私たちがメディアに影響されることは決してありません。メディアを利用することはありますがね」

と言っている。

ナチスの記憶を自らの体験として持つヨーロッパの人々にとって、「民族浄化」という言葉には決定的なインパクトがあった。国務省はその「民族浄化」という言葉に飛びついたのである。

「助かったのは、国務省が私たちと同じサイドにいたことでした」

三人のジムの一人は、ルーダー・フィン社と国務省の関係についてそう証言する。両者は明確な協力関係にあったわけではないが、目指す方向は同じだった。

「民族浄化」は、ハーフ自身の言葉によってではなく、メディアを通じて、またシライジッチ外相の国務長官への手紙を通じて国務省の目にとまるように仕掛けられた。その網が正しいタイミングで張り巡らされたとき、国務省は「民族浄化」を公式の場で使う用語に採用したのだ。

ハーフは国務省にさまざまなパイプを持っていた。しかし、日本の外務省以上に誇り高い国務省の官僚に、直接「民族浄化」という言葉を使ってほしいと言っても彼らがその通りに動く可能性は低い。国務省に「民族浄化」という新しい用語を使わせるには、間接的な方法が必要だった。そのために、最も適切な手段とタイミングを見計らうことがハーフの巧妙なテクニックだった。

「民族浄化」はお墨付きを得た言葉となった。

国務省高官の口から語られ、声明の中で使われる「民族浄化」という言葉は、「国務省発の情報」として再びメディアに取り上げられていった。

「民族浄化」の自己増殖が始まっていた。

第八章　大統領と大統領候補

クリントン（左）とブッシュ。
ハーフは大統領選の両陣営に「民族浄化」を売り込んだ

一九九二年の七月が近づくと「民族浄化」というフレーズが、連日テレビ、新聞、雑誌を飾るようになった。それとともに、人々のボスニア・ヘルツェゴビナへの関心は飛躍的に高まっていった。

五月には、ジャーナリストでもボスニア・ヘルツェゴビナの位置を正確に語れない者が多かったというのに、ボスニア・ヘルツェゴビナで親を失った子供を養子にしたい、という申し出さえ普通のアメリカ人がするようになっていた。

共和党院内総務のボブ・ドールとそのクロアチア人である秘書、ミラ・バラタは実際にこうした子供と地元の選挙民との間を仲介した。いま、その子供たちはカンザス州で高校生に成長している。

「アメリカ人とは、苦難に直面している人々を見ると、時として素晴らしい奉仕と優しさの精神を発揮する国民なのです」

とバラタは言う。

しかし、民族紛争は世界各地で起きている。紛争に苦しむ子供は世界中にいる。ボスニア・ヘルツェゴビナの子供たちだけが不幸で、アメリカ国民の優しさを享受すべき存在だったとは言えないだろう。

ハーフは言う。

「競争の激しいマーケットで、顧客のメッセージをライバルに打ち勝って伝えてゆく。それはどんなクライアントとの仕事でも同じです。ボスニア紛争の場合、伝えるべき相手はアメリカの外交政策を決める立場にある権力者たちでした。アフリカのエリトリアには、そこがいくら悲惨な状況でも世界はあまり注意を払いませんでしたね。それにはそれなりの理由があるのです」

唯一の超大国となったアメリカの注目を最も集めることができるのは、どの地域の紛争か。民族紛争が世界各地で頻繁に起きる時代において、紛争に苦しむ地域同士のＰＲ競争が起きていた。そしてボスニアにはハーフがいたが、エリトリアにはいなかった。

当時の国連事務総長、ブトロス・ガリはエジプト、つまりアフリカの出身だった。そして、ボスニア・ヘルツェゴビナの紛争が突出して国際的関心をひいていることに不満を抱いていた。その思いがこうじて、

「世界にはサラエボより、もっと苦しい状態にある場所が十ヵ所はある。（ボスニア紛争は）所詮《しょせん》は金持ち同士が戦っている紛争だ」

と発言した。

アフリカ出身のガリ総長にしてみれば、苦しむ人々はアフリカにもたくさんいる、という気持ちだったろう。だが、この発言は国際的な大非難を浴びた。ガリは「民族浄化」に寛容な考えを持つ人物だ、と言う者さえいた。ガリは国際世論の流れが大きく変わり、このような発言が危険なものになっていたことを読みきれていなかった。

このときだけでなく、ガリ事務総長には国際世論、そしてアメリカ世論の流れに逆らう発言や行動が多かった。そして結局、自らが強く望んだ再任をはたせず、国連史上ただひとり「一期限りの事務総長」としてその座を降りざるを得なくなったのである。

ハーフたち「三人のジム」は次のターゲットを「政治」に定めていた。その最終目標は、アメ

リカ大統領である。

アメリカのPR企業がカバーする業務は幅広い。メディア戦略だけでなく政治の世界で権力を持つ者に直接働きかけることも重要な柱だ。PRとは「Public Relations」の略であり、「public＝公共」とはメディアも官僚も、そして政治もすべて含み、それらと「relations＝関係」を築く手段も直接間接を問わず、そのとき最適の方法を選ぶのだ。

ハーフは、PRの仕事についてこう述べている。

「私は若いときにジャーナリストの経験があり、メディアの世界を肌身で経験しています。政治の世界にも身を投じ、三人の連邦議員の首席補佐官を務め、また州知事の選挙参謀として選挙運動を仕切ったこともあります。メディアと政治の世界で働いた経験を通じて、私は、どんな事態にも応用できる〝ツールボックス〟を得ることができました。選挙の仕事を頼まれれば、それに最適の方法を、スイス政府の観光促進キャンペーンを依頼されれば、やはりこの私自身のツールボックスから必要な手段を取り出し組み合わせて提供できるのです」

中でも「政治」はハーフにとって得意分野だった。

「私の母は、故郷のウィスコンシンで地域の政治活動のリーダーとして活躍していました。私はその母から、政治に関心を持つことが大切なんだと叩《たた》き込まれて育ったんです。アメリカという国の根っこにある〝民主主義〟を守るためにはそれが必要だという教えは、今でも私の体に染み付いているんですよ」

ハーフの政治センスは子供のころから磨かれてきた。アメリカという国には、草の根レベルから「民主主義」の大切さ、それを守るための「政治」の重要さがすみずみまで浸透している。その中から、大統領として世界を動かす者も出れば、ハーフのような人材も出る。それは今の日本が決定的に欠いている環境である。

一九九二年という年は、四年に一度、アメリカ政治に巡ってくる特別な年にあたっていた。

ルーダー・フィン社が、全米PR協会に提出した報告書には、

「一九九二年夏、第二段階。（中略）ブッシュ政権及びクリントン選挙対策本部への接触に焦点を合わせた」

と記されている。

六月二十九日の夜、ワシントンのルーダー・フィン社のオフィスのテレビは、興味深いニュースを流していた。

「世論調査で、初めて民主党のクリントン候補が一位になりました。ブッシュ大統領、そして無所属のロス・ペロー氏と三つどもえの様相です」

ABCの看板キャスター、ピーター・ジェニングスがいつもと変わらぬクールな表情でそう伝えていた。

ハーフは残り二人のジムに言った。

「ブッシュだけじゃない、クリントンの選挙対策本部にもコンタクトしないといけないな」

「ペローはどうなんですか？　ペロー旋風は続いていますよ」

ハーフは答えた。

「いや、ペローはいい。調子がいいのは今だけだ。すぐに人気は落ちる。今は不満票を集めているだけだ。本気で彼が大統領になるべきだと思っている人はいないよ」

大統領選挙の年のメディアが発表する世論調査データは、偏執狂的なまでに念が入っている。十一月の第一月曜の次の火曜日、と定められている投票日が近づくと、各社が統計をとり、支持率の毎日の変化までグラフで表されるようになる。データの洪水の中、トレンドをどのように読みとるかはPRのプロの経験と能力に左右される。

この年の大統領選挙のいちばんの話題は、民主、共和両党に属さない、無所属の候補ロス・ペローの活躍だった。共和党の現職大統領ブッシュ、民主党の候補指名レースを勝ち抜いたアーカンソー州知事クリントンに対しても、ペローは各種世論調査で肩を並べたり、勝ったりしていた。この日のABCの調査でもクリントン三十三％、ペロー三十％、ブッシュ二十九％と他の二候補と互角の戦いをしている。有力な評論家の中にも、ペロー当選の可能性を論ずる者がいた。

だが、ハーフはペローを相手にしなかった。その予想どおり、この後支持率が急落、わずか半月後の七月半ばには立候補断念に追い込まれることになる。それは、自分のビジネスの浮沈をかけて選挙の世界を何度も生き抜いてきたハーフの慧眼《けいがん》だった。

クリントン陣営は、年明けから続いた民主党内での指名レースを勝ち抜き、六月初めのカリフォルニア州の予備選挙で候補指名を確定させていた。その後の共和党ブッシュ大統領を相手にした戦いでは、アーカンソー州という小さい州の知事でワシントンや全国での知名度が低かったこともあり、はじめは世論調査でも数字が伸びていなかった。しかしここにきて、すでに知事五選を果たすキャリアを積んでいながら、ブッシュより二十二歳も若いというフレッシュさを売り物に支持率をのばしはじめていたのだ。

むろんハーフにとっていちばん大切なのは、現大統領のブッシュだった。十一月の選挙がどうなろうと、ブッシュは最低あと半年は大統領だ。選挙の結果を待っていたら、その間にボスニア・ヘルツェゴビナ政府がセルビア人に攻め滅ぼされてしまうかも知れない。

だが、ブッシュにプレッシャーをかけるためにもクリントン陣営に働きかけることには意味がある。

クリントン候補は、すでにブッシュ陣営の外交政策を攻撃する材料としてボスニア紛争をもちだし、ブッシュ大統領はセルビア人に寛容すぎる、という主張をし始めていた。クリントンがさらにボスニア紛争を主要な争点として浮上させれば、ブッシュ大統領も、選挙対策上積極的な政策を取らざるを得なくなる。

ハーフは、クリントン陣営への工作の足がかりとして、副大統領候補に指名された上院議員アルバート・ゴアとシライジッチ外相との会談のセットに成功した。

ゴアは、遊説のため全米を飛び回っていた。一方、シライジッチは国際交渉のため世界を飛び回っている。会談の場所はその二人にふさわしく空港のVIP用搭乗待合室に設定された。ハーフはいつものように、主要メディアに会談があることを知らせ、多くのテレビカメラが集まるように手配してからニューヨーク、ラガーディア空港にシライジッチを連れていった。

テネシー州選出の上院議員ゴアは、四年前の一九八八年に大統領選挙で民主党の指名を争い、敗れはしたものの大物議員の地位を固めていた。このあと八年間クリントン政権の副大統領を務め、二〇〇〇年には民主党の大統領候補として息子のブッシュと戦い、フロリダ州の「疑惑の開票」によって僅差《きんさ》で敗れたことは周知のとおりだ。

そのゴアは当時から、大物副大統領候補として独自の政策を提唱しており、アーカンソーから出てきたばかりのクリントンより外交の分野では強いと見られていた。

一方のシライジッチは、そのころには、連日の国際会議や記者会見、インタビュー取材をくぐり抜け、表現能力にいよいよ磨きをかけていた。

「三人のジム」の一人、ジム・マザレラは、

「シライジッチのラジオでのインタビューを放送で聞いて、その夜悪夢にうなされ、何度も目を覚ますということまでありました。そのインタビューは私自身が手配したものだったのですが、セルビア人の非道の数々を語るシライジッチの語り口はとても映像的で、衝撃を与えるものでした。クライアントのインタビューを聞いて眠れないなんて、そんな体験は初めてでした」

と今もその驚きを忘れていない。

会談が行われた搭乗ゲートの待合室に入ることを許されたのは、シライジッチとゴア、そしてハーフの三人だけだった。

部屋の中央にある会議テーブルに並べられた椅子にシライジッチとゴアが座り、ハーフは部屋の隅に席を取って二人の会話を注意深く聞いていた。会談後すぐにプレスリリースを発行するために、ハーフは会談内容を細大漏らさずメモした。またシライジッチの話し方を観察して、次の要人との会談に備え改善すべき点を会議後にアドバイスするのも重要な仕事である。

ハーフは息さえもひそめて、自分の存在感を消した。主役はシライジッチであり、自分は黒子《くろこ》である。PR企業の社員がシライジッチに付き従っていることをゴアに意識させる必要はない。

この会談は、通常の国際的な政治家同士の会談とは、およそ違う雰囲気で進んだ。

一時間半の会談で、口を開いていたのはほとんどゴアだった。シライジッチはその表現力の片《へん》

鱗《りん》を見せるいとまするらなかった。

　とくに冒頭の十五分間、シライジッチは一言も意見を述べることができなかった。

　ハーフは証言する。

「シライジッチ外相がアメリカの議員と話すとき、普通は相手がシライジッチに『現地の今の様子はどうですか？』とか『今日はどんなニュースが入っているんですか？』とか質問して、シライジッチがそれに答える、という形で始まっていくものなんですよ。何しろボスニア・ヘルツェゴビナの外務大臣が現地の最新情報を携えてやってきているわけなんですから。でもゴアは質問ということをまるでしませんでした。自分の見方をしゃべるだけでしたね」

　ゴアは、

「わが国は、バルカン地域の問題にもっと深い関心をよせるべきだ」

と原則論を繰り返した。

　ゴアはあくまで政治家だった。外交に強いというふれこみで、旧ユーゴ紛争に関しても、前年のクロアチアとセルビアの戦いのころからよく発言していた。しかし、真の意味でバルカンの人々の運命に関心があるというよりは、自分が来年ホワイトハウス入りできるかどうかで頭がいっぱいのようだった。目の前にボスニア・ヘルツェゴビナの外相がいても、その話をじっくりと聞いて知識を深めよう、あるいは議論を戦わせて見識を磨こうという姿勢がなかった。

　ハーフは、そういうゴアの態度を見て、失望したのだろうか？

「いや、失望は感じませんでしたよ。ただ面白いと思いましたね。ゴアという候補の内心を見て取ることができましたからね」

ハーフは、評論家のような言い方でそう答えている。

ハーフにとって大切だったのは、全米注目のランニングメイト(副大統領候補)ゴアとシライジッチの〝差し〟の会談を実現したという事実だった。そして、その会談が一時間半にもわたったことであり、そのことをプレスリリースに書くことができる、ということだった。それで十分な成功だった。はじめから、会談そのものに驚くような中身を期待していたわけではなかった。

しかし、会談の直後、一つの失望がハーフを待っていた。

「あのときのことは忘れられませんよ。私は、会談が終わったあと、ゴアとシライジッチが二人並んでカメラに収まって、記者の質問に答えるステークアウト(〝ぶらさがり〟のインタビュー)をしようと考えていたんですが……」

この会談を取材した通信社のテレビカメラの映像が今も残っている。会談が終わった直後、待合室の外で待っていたカメラがドアをあけて部屋に入り込むと、手前左側の隅にハーフが座っており、中央のテーブルにはゴアとシライジッチが並んで座って、まだ何かを話し込んでいる。そこまでで映像はいったん切れて、次の場面では、部屋のすぐ外でハーフが、

「ボスニア・ヘルツェゴビナの外相、ハリス・シライジッチです」

と紹介し、シライジッチが一人で記者の質問に答えている。

ゴアはどこにいったのだろうか?

「逃げたのです。会談が終わった瞬間、ゴアはすぐに裏口から出ていき、専用機に乗り込んで飛んでいってしまいました」

それは単に急いでいたからではない、とハーフは言う。

「ステークアウトを避けたのです。それは政治家が時々することではあるのです。難しい論点に対して態度をはっきりさせないでおくというのは、珍しいことではありません」

シライジッチとツーショットでカメラに収まれば、そこで何を発言したとしても、紛争当事者の一方、ボスニア・ヘルツェゴビナ政府に肩入れをしたイメージを発信することになる。ゴアがこの時点では、そこまでするのは得策でないと判断したとしても不思議はない。ハーフが呼び集めた報道陣の前にシライジッチが一人で立つことになったのは、ハーフにしてみれば画竜点睛《がりょうてんせい》を欠く結果だった。もしゴアの注意が少しだけ足りず、何の気なしに入ってきたドアから退出していれば、そこには数多くのテレビカメラが待ちかまえており、シライジッチとのツーショットを避けられなかったはずだ。しかし、二十七歳の時から連邦議員に当選を続け、アメリカ政治の世界で百戦錬磨のゴアはそのようなミスは犯さなかった。

とはいえ、ハーフとしてもこの会談が失敗した、というわけではなかった。シライジッチとゴアの会談は実現したのである。それを材料にPRを展開する手段は他にいくらでもあるのだ。

ハーフの本命ターゲット、現職のアメリカ合衆国大統領ブッシュは、副大統領候補のゴアとは比較にならない困難な対象である。

ブッシュ大統領の周囲には数限りないスタッフや官僚がいる。その囲みを突破してメッセージを届かせるのはハーフにとってもやっかいな仕事だった。とくにブッシュ大統領は歴代の大統領の中でもしたたかなPRセンスを身につけた手ごわい政治家なのだ。

第四十一代大統領のジョージ・W・ブッシュは、レーガンとクリントンというそれぞれ二期八年を務めた個性的な大統領に挟まれ、印象の薄い大統領かもしれない。実際「強いアメリカ」の権化《ごんげ》だったレーガンと比べて見た目も弱々しいブッシュは、「wimp（弱虫）」という陰口をたたかれ続けた。しかし、現在では長男が四十三代の大統領となり、次男はフロリダ州知事という、ケネディ家とも比肩しうるアメリカ政界の名家の地位を固めている。

もともとジョージ・ブッシュは、大統領になれるような経歴の人物ではなかった。戦後テキサスで石油会社をおこして成功し、四十二歳で下院議員に当選して二期務めたあと上院議員選挙にくらがえして立候補するが落選。その後は連邦議員にも州知事にもなっていない。レーガン政権の副大統領の座にあったとはいえ目立った実績もなく、一九八八年の大統領選挙に出たときは、民主党の候補、マサチューセッツ州知事のデュカキスに支持率で大差を付けられていた。私は当時、留学してボストンにいたが、そこがデュカキスの地元だったことはあるにせよ、周囲の誰もが、当然来年一月にはデュカキスがアメリカ大統領になると思っていた。

にもかかわらずブッシュが大統領になれたのは、PR戦術を駆使し成功したからだった。劣勢を自覚したブッシュ陣営は、デュカキス知事の政策に犯罪者の人権保護と死刑禁止があることに注目した。それはデュカキス候補の数ある主張の一つに過ぎなかったが、ブッシュ候補は「デュカキスは凶悪犯に甘い」というレッテル貼りをするため、この政策を徹底的に攻撃したのだ。そしてある有名な選挙キャンペーンCMの傑作によって、決定的な打撃をデュカキス陣営に与えた。

そのCMは十年以上を経過した今も私の記憶に刻み込まれている。荒野に刑務所への回転ドアが置かれ、ぼろをまとった凶悪そうな顔つきをした犯罪者たちが列をなして入っていき、そのまま一回転してぞろぞろ出てくるという単純な映像である。だが、あえてモノクロで撮影されたそのおぞましいイメージは、デュカキス候補が当選すれば社会はこうなるというメッセージを、有権者の深層心理に強烈に響かせた。このCMがオンエアされるとデュカキスの人気は急落し、ブッシュは大統領になった。

大統領としての実務能力について、ハーフのブッシュ評は辛口である。

「ブッシュ大統領は、指導力に問題があったと思いますね。行動が遅すぎました。たとえばイギリスのサッチャー元首相のような人物だったら、もっと迅速な決断をしていたはずですよ」

と語っている。

「私は生涯の大部分を共和党支持者として過ごしてきました」

というハーフとしては、かなり厳しい評価と言えるだろう。それは、ブッシュ大統領がなかなかハーフの思うとおり、モスレム人支援に動かなかった、ということでもある。ブッシュは注意深く、PR戦略の知識もある難しいターゲットだったのだ。

ブッシュ大統領は、国務省の役人のように「民族浄化」という言葉を口にすることもほとんどなく、ボスニア紛争へのアメリカの関与に消極的な発言を繰り返していた。「ボスニア・ヘルツェゴビナのベトナム化」を恐れて介入に反対の国防総省や軍の首脳の意見に影響されているようだった。チェイニー国防長官と、パウエル統合参謀本部議長は、湾岸戦争の勝利をブッシュ大統領にプレゼントしたことで、発言力を絶大なものにしていた。ブッシュも彼らを信頼していたのだ。

七月はじめ、そのブッシュ大統領に「民族浄化」を売り込むための二つのチャンスが近づいていた。

一つは、七月四日、アメリカ独立記念日である。ボスニア・ヘルツェゴビナは、この年三月、独立の是非を問う国民投票を行い、ただちに独立を宣言した。アメリカはその一ヵ月後にはボスニア・ヘルツェゴビナの独立を承認した。それから四ヵ月後にめぐってきたアメリカの独立記念日に、イゼトベゴビッチ大統領からブッシュ大統領にお礼の手紙を書こう、というアイディアである。

ハーフが書いた草稿が残っている。

いくつかのバージョンがあり、あちこちに手書きの書き込みが残されていて、「草稿第二版」などとある。何回も草稿の書き直しが行われたことが読みとれる。

手紙は七月三日付。A4判一枚に本文十六行と簡潔にまとめられている。多忙な大統領がこれを読むのに、かかる時間は一分に満たないだろう。

その内容は、アメリカへのあふれんばかりの賛辞で始まっている。

「アメリカがその独立をお祝いする機会に、ボスニア・ヘルツェゴビナ共和国の国民と政府が、生まれたばかりの私たちの民主主義に貴国が施してくれている勇気ある支援に対して感謝する言葉をお受け取り下さい。(中略)私たちにとって、アメリカは、全世界に向けて自由と正義、そして民主主義の光を放つ灯台です」

ハーフは解説する。

「自由と民主主義という価値観を、ボスニア・ヘルツェゴビナはアメリカと共通して持っている、ということを強調する狙いをこめました。それを伝えるために、独立記念日はまたとないタイミングだったんです」

ポイントは、ボスニア・ヘルツェゴビナの大統領が自らを「fledgling democracy」の国と言っていることだ。「fledgling」とは、雛鳥《ひなどり》のような、あるいは、よちよち歩きの、という意味である。自らをそのように卑下し、アメリカを「民主主義の大先輩」と持ち上げることで、ブッシュ大統領の心を揺さぶろうというのだ。アメリカ人は自国の歴史がまだ二百年ちょっとと浅いことをどこかで気にしていることが多い。「民主主義の長い伝統」を誉めるやり方は、アメリカ人の心を大いにくすぐった。

「ミロシェビッチには、こういう手紙は絶対に書けないはずですよ」

ハーフはそう自慢する。

こんな手紙は、ミロシェビッチだけでなくシライジッチにもイゼトベゴビッチ大統領にも書けなかったことは間違いない。バルカンの人々は、誇り高い。今は「ヨーロッパの裏庭」の地位に甘んじていても、長い歴史の中で培ってきた民族の誇りを背負っている。その彼らがいかに戦略のためとはいえ、「あなたは世界の灯台です」という言葉を綴《つづ》ることはできない。

それはアメリカ人のPRのプロだからこそできることである。

そして、三つ目のパラグラフで最も大切な言葉が出てくる。

「どのような国も、他の国が行う虐殺、追放そして〝民族浄化〟に賛成することは許されないのです」

「民族浄化」という言葉には引用符「〝〟」が付けられ、この言葉に自然に目が向くようにしている。

この大統領から大統領への手紙には、ハーフの策略がちりばめられていたのだ。

次の機会は、七月九日にやってきた。

北欧、フィンランドの首都ヘルシンキで、CSCE（欧州安全保障協力会議）の首脳会合が開かれ、そこにブッシュ大統領とイゼトベゴビッチ大統領が出席することになった。これは、アメリカとヨーロッパの国々が集まり、冷戦後の欧州の安全保障体制を議論する大イベントだった。

PR戦略上のポイントは二つあった。

一つは、本会議の前に、ブッシュ、イゼトベゴビッチ両大統領の初めての首脳会談が行われる可能性が高いことだ。アメリカの大統領に直接語りかけることは、次にいつできるかわからない貴重な機会になるはずだった。

そして、本会議で行われるブッシュ大統領の演説の内容が、もう一つの焦点だった。

フランスのミッテラン、イギリスのメージャー、ドイツのコール、ロシアのエリツィンら各国の指導者が一堂に会する場で、「民族浄化」という言葉をブッシュ大統領が使い、各国首脳の頭に印象づけることができれば計り知れない効果をあげる。

独立記念日の手紙も、そのための布石だ。しかし何といっても首脳会談の席でブッシュ大統領本人に直接訴えることができれば、それがベストの方法である。演説原稿執筆者は他にいるにせよ、演壇に登るのはブッシュ大統領本人なのだ。アメリカの政治家はたとえ原稿があっても、それをただ棒読みするとは限らない。自分の言葉でアレンジすることもあるし、抑揚や緩急のさまざまなテクニックを駆使して強調すべき箇所は自分で強調するのがアメリカの政治家だ。ブッシュ大統領の演説を「民族浄化」を強く意識したものにさせられれば大成功だ。

ハーフは、自らヘルシンキに出張した。そこには全世界から二千人の報道陣が集まっていた。

ハーフは、サラエボにいる、イゼトベゴビッチ大統領の首席補佐官で大統領の娘でもあるサビーナ・バーバロビッチに、

「交渉のすべてに参加できるように、自分たちをボスニア・ヘルツェゴビナ政府代表団の正式メンバーとしてID登録してもらいたい。そして、イゼトベゴビッチ大統領とブッシュ大統領の会談が実現したら、そこに同席できるようにしてほしい」

と申し入れていた。

すでにボスニア政府はハーフを頼り切っており、ハーフはシライジッチ外相やサビーナ大統領補佐官のもとに入ってくる、国際交渉の機微にかかわる情報の詳細を逐一知ることができた。その対応についてアドバイスしたり、シライジッチ外相とイゼトベゴビッチ大統領の間の意見を調整したりもしていた。

しかし、大統領同士の会談にボスニア政府のスタッフとして同席することは、さらにもう一歩踏み込んだ業務内容だった。なによりハーフはアメリカ国民なのであって、ボスニア・ヘルツェゴビナの国民でも何でもないのだ。

だが、ボスニア政府は、ハーフの要請にOKを出した。

その点、シライジッチやイゼトベゴビッチは、実利に徹していた。必要な人材なら、金で雇われていようが他国籍だろうが、使えばよいという考えだった。

ハーフはヘルシンキで、アメリカはもちろん、ヨーロッパ各国からオーストラリア、トルコに

いたるまであらゆる国々のメディアと交渉し、イゼトベゴビッチ大統領やシライジッチ外相の単独インタビューを次々と設定しながら「ブッシュ大統領との会談が決まった」という知らせを待った。

ヘルシンキでのイゼトベゴビッチ大統領は、シライジッチ外相に劣らず各国のメディアに大人気だった。

このときは、シライジッチが最初にアメリカで記者会見を開いたときと異なり、ボスニアでの「民族浄化」の実態は国際ニュースの一大関心事になっていたのだ。そして、イゼトベゴビッチ大統領は、シライジッチと比べて国外に出ることが少なく、西側の記者にとってインタビューのチャンスが少なかった。

ブッシュ、イゼトベゴビッチ会談が行われる、という知らせが入ったのは、会談の二時間前だった。ハーフは、てきぱきとイゼトベゴビッチ大統領とシライジッチ外相に、会談での役割分担をアドバイスした。

「アメリカの大統領と話せる時間はほんのわずかです。次の機会がいつになるかもわかりません。手際よくやらないといけませんよ。まず、イゼトベゴビッチ大統領が話をしてください。挨《あい》拶《さつ》と、大まかな枠組みの話を終えたら、シライジッチ外相にバトンタッチです。セルビアの連中が何をしているか、アメリカ人にわかりやすく説明してください」

ハーフは、この役割分担について、こう解説している。

「国際的な首脳会談で意外にありがちなのは、友好的ないい雰囲気で話が進んではいても、じつは単なる世間話をしているだけで、あっという間に予定の時間が終わってしまうというケースです。ですから、言いたいことを確実に伝えるためには、誰が何を話すのか、その要点は何か、事前にしっかり決めておく必要があります。英語力や、真に迫った話の表現力ではイゼトベゴビッチ大統領よりシライジッチ外相のほうが上ですから、大統領の話は最重要な点にしぼって早めに切り上げて、あとはシライジッチ外相が話をするように決めたのです」

この会談の映像は、実質的な討議が始まる前のものが数分間残っている。小学校の教室くらいの大きさの部屋にVの字の形に椅子がならべられ、その要《かなめ》の位置にブッシュ大統領とイゼトベゴビッチ大統領が座り、アメリカ側はベーカー国務長官以下数人のスタッフが並んでいる。それに向かい合う形でボスニア・ヘルツェゴビナ側の席が用意されていた。

会場には、数十のテレビカメラがひしめき合っていた。おしあいへしあいの混乱の様子を驚いたようにうかがうイゼトベゴビッチ大統領がカメラに視線を送っている。イゼトベゴビッチはシライジッチと違い、メディア慣れしていなかった。その一方で連日砲弾、銃弾を浴びている大統領府の建物に寝泊まりし、命がけでモスレム人のために働いていたため、カリスマ的な人気があった。ブッシュはそうしたイゼトベゴビッチ大統領に好感と興味を抱いたようだった。

数分後、メディアがドアの外に退去させられ、会談が始まった。

会談の基調は、ボスニア・ヘルツェゴビナ側が話し、アメリカ側が聞く、というものだった。

まず、イゼトベゴビッチ大統領が、ややたどたどしいが、かみしめるような英語で要求した。

「サラエボを攻撃しているセルビア人たちの大砲の陣地を空爆してください。それはアメリカだけができることです」

ブッシュ大統領は、

「私たちは、ヨーロッパの友好国と話し合って、ことを進める必要があるのです」

と、単独行動をとれないことをやんわりと伝えた。

「それでは、私たちは自衛の策をとらなくてはなりません。他の国から武器を買い、外国人の兵士を呼ぶことになるでしょう。幸い、私たちの願いに応じて武器を売ろうという国や、かけつけたいと言ってくれる戦士たちはいるのです」

前年にスロベニアとクロアチアでユーゴ紛争が始まって以来、旧ユーゴスラビアの国々に武器を輸出することは禁止されていた。ボスニア・ヘルツェゴビナもセルビアも武器を輸入できないことになっていた。その国際間の約束を無視するかも知れない、という話だった。そうしたかけひきは、饒舌《じょうぜつ》なシライジッチより、流暢《りゅうちょう》でなくとも話し方に重みがあるイゼトベゴビッチ大統領が話したほうが迫力があった。

次は、シライジッチの出番である。シライジッチは、サラエボの市民がいかに苦しんでいるか、そして、ボスニア・ヘルツェゴビナ全土で「民族浄化」がどのように行われているのか、ナチスさながらの残酷な実例をちりばめて語った。自分はボスニアには帰っていないのに、見てきたように語るシライジッチの話術は芸術の域に達していた。そして、時がたてばたつほど現地の状況は悪化し、国際社会がその解決のために払うことになる犠牲も大きくなるだろう、と主張した。だから一刻も早く動いてほしい、という懇願だった。

ハーフは、冷静にアメリカ代表団のメンバーの表情を観察していた。ベーカー国務長官は、シライジッチのこの話を聞いても、心を動かされることはないようだった。

「ベーカー長官は、どんな事態に遭遇しても、何を聞いても常に、その裏側にある政治的リスクや損得勘定を計算する、という冷徹なタイプの人間だったということです。でも私は別に非難するつもりはありませんよ。それが彼のなすべき仕事だったのだと思います」

とハーフは語っている。ベーカー長官は四月にもシライジッチと話していて、その話術に対しては免疫ができていたこともあっただろう。また、国務省のスタッフが毎日知らせる情報から、シライジッチの話には多少の脚色があること、さらには攻守ところを変えてモスレム人がセルビア人に非人道的行為をはたらく例もあると知っていたはずだ。

だが、ブッシュ大統領にとっては、これが初めての「シライジッチ体験」だった。ブッシュ大統領の表情に明確な変化が浮かんだことをハーフは見のがさなかった。

「ブッシュ大統領は全身の注意を傾けて話を聞いていました。そして、激しく心を揺さぶられていたことが見てとれました」

そのとき、ハーフはアメリカ代表団に小さな動きが起きたことに気付いた。

それはブッシュ大統領の発言中のできごとだった。

「ベーカー長官に国務省のスタッフが背後からそっと近づいて小さな紙を渡しました。ベーカー長官が椅子の背もたれに寄りかかるようにしてその紙を受け取った瞬間、それが何の紙か見えたんです」

それはハーフの名刺だった。交渉が始まる直前、ハーフはその国務省のスタッフに名刺を渡して自己紹介をしていたのだ。その名刺がベーカー長官に渡された。

「私は、アメリカの代表団が、反対側の席、つまりボスニア・ヘルツェゴビナ政府側に、別のアメリカ人がいることを気にしているのだと解釈しました」

ハーフはなるべく目立たないようにタイミングを見計らい、静かに席を立って首脳会談の行われている部屋を出た。

「私がその場にいることで、少しでも交渉の進展を妨げてはいけない、と思ったのです。この会談は本当に大切な機会でしたから、どんなに小さいリスクでもおかすべきではない、と考えました。国務省の官僚や政治家の中には、アメリカ人のPR企業の社員がこのような交渉の席にいることを好まない人もいます。たとえば、クリントン政権の最初の国務長官クリストファーはそういうことを非常に気にするタイプでした。二人目の国務長官オルブライトは、まったく気にしませんでした。この時ベーカー長官がどちらなのかはわかりませんでしたが、とにかく危険をおかさないことにしたんです」

実際には、ほとんどのやりとりはハーフが退席するまでに終わっていた。ベーカーも含めて、ハーフの存在をとがめた者はいなかった。

会談が終わり、部屋を出てきたシライジッチは、

「ジム、どうして途中で席を立ったんだい？」

とハーフに聞いた。

ハーフは、シライジッチが気付かなかったアメリカ代表団の小さな動きについて説明した。シライジッチは、ハーフが席を立ったあとも会談はつつがなく進んだと言った。会談は成功したようである。

それから数時間後、ハーフとシライジッチは首脳会談の成果を目の当たりにした。

ヘルシンキ会議のクライマックスは、ブッシュ大統領の演説だった。登壇したブッシュ大統領

はこれまでになく厳しい言葉でセルビア人を非難した。そして、演説はドラマチックに締めくくられた。

「今、私たちが話し合っているこの瞬間にも、〝民族浄化〟は行われているのです」

ゆっくりと降壇するブッシュ大統領に、満場の拍手がなりやまなかった。

ブッシュ大統領は、「ethnic cleansing」という単語をとくにゆっくりと、大きな声で強調して発音した。イギリスのメージャーはもちろん、英語が母国語でないミッテランもコールも、そしてエリツィンも、他の部分は聞き取れなくてもその単語だけははっきりと聞き取ることができただろう。

ブッシュ大統領もまた、「民族浄化」のキャッチコピーとしての力を理解した。


ヘルシンキ・サミットが終わってしばらくした後、ブッシュ大統領からイゼトベゴビッチ大統領に手紙が届いた。ニューヨークにいるアメリカ国連大使から、ボスニア・ヘルツェゴビナの国連大使サチルベイを経由して送られたその手紙は、A４判三枚、七十三行の長いものだった。それまでのボスニア紛争をめぐる国際交渉の経緯を詳しく振り返り、セルビア人の行為を列挙して非難していた。

「民族浄化」は冒頭、三行目に登場する。

「私は、〝民族浄化〟という許しがたい政策を非難します」

そして、

「私たちはセルビアを孤立させ、経済制裁が完全に実施されるよう監視を強める政策を遂行します」

と書かれていた。さらに、

「私たちは国連安全保障理事会に対し、ボスニア・ヘルツェゴビナへの人道支援を行うために必要なあらゆる手段を可能にする決議を通過させるべく圧力をかけています」

とあった。

「あらゆる手段」には軍事行動も含まれる。ヘルシンキ・サミットの首脳会談をきっかけとして、ブッシュ大統領の認識に変化が起きていることは間違いなかった。

ハーフは、自分が果たした役割について、

「私がしたのは、たとえば日本の外交当局なら、外務省の官僚がするべき仕事だったわけですね。でも、ボスニア・ヘルツェゴビナ政府には、外務官僚などというものがそもそもいませんでした。だから、私がその役割も果たしたのです」

と振り返っている。

そのとおりだろう。日本政府も、アメリカのPR企業を雇うことはある。だが、PR企業の社員を首脳会談に同席させるなど絶対にありえない。日本の場合は、国際政治の舞台でPR戦略を担当しているのは役人だ。それはどこの先進国もそうである。だが、問題なのはそのPRの能力において、ハーフが日本外務省の官僚よりはるかに優れていることだ。その結果、皮肉なことに、自前のスタッフを持たないボスニア・ヘルツェゴビナという小国に世界の注目が集まり、国際政治において日本などより格段に大きい存在感をもつに至る、という現象が起きた。

私の考えを述べておこう。

日本の外交当局のPRのセンスはきわめて低いレベルにある。これは構造的な問題である。アメリカの高級官僚は、民間で活躍してから役所に入る、あるいは官僚となってからも、いったん外に出て経験を積む人が多い。彼らの能力はそういう民間の、食うか食われるかの厳しい世界の中で磨かれるのだ。また、弁護士から転身したボルトン国務次官補がその前は司法省の高級官僚だったように、さまざまな省庁を体験し視野を広げていく例も多い。日本の外交官も他の役所に短期的に「出向」することはあるが、それはあくまで「お客さん」であってアメリカとは根本的に質が違う。アメリカの柔軟さは、もしハーフがそれを望めば、ハーフ自身が国務省入りすることもあり得るという性質のものだ。そうした懐の深さが、国際政治におけるPR戦略を立案遂行するためには絶対に必要なのである。

日本のように大学を卒業してすぐに外務省に入り、一生その中で生きていく外交官が大半、というやり方では永遠に日本の国際的なイメージは高まらないだろう。昨今、多少の人材を民間から登用することも始められているが、量的にも質的にもまったくの彌縫策《びほうさく》にすぎない。現在の硬直しきった役所の人事制度を根本から変革しないかぎり、二十一世紀の日本の国際的地位が下がる一方になることは、はっきり予見できる。

第九章　逆襲

トラックで前線に向かうセルビア兵士
©ロイター・サン

一九九二年七月十四日。ユーゴスラビア連邦の首相に就任した人物の名は、世界を驚かせた。アメリカ国務省で欧州担当国務次官補だったトーマス・ナイルズは、

「それは歴史上、説明の難しい一つのハプニングとしかいいようがないですね」

と、欧州問題のエキスパート官僚にして、それが完全に予想外の事態だったことを告白する。

またCNNの看板討論番組『クロスファイア』のキャスターを務めたビル・プレスは、

「彼が、ミロシェビッチのかわりにユーゴスラビア連邦の大統領になっていれば、その後に起きたバルカンの悲劇は避けられていたに違いない」

と、その新首相にはユーゴスラビアの運命を変える力があったのだ、と主張している。

新首相の名は、ミラン・パニッチ。ベオグラード生まれだが、国籍はアメリカ。住所はロサンゼルス近郊オレンジ郡。つまり、カリフォルニアに住んでいるアメリカ人がユーゴスラビア連邦の首相に突如としてなったのである。もちろんそれは、ユーゴスラビア、いやバルカン、ヨーロッパを通じて史上初のことだった。

パニッチは、一九二九年生まれで若い頃はユーゴスラビアを代表する自転車選手だった。試合で世界を回るうちに、自由の国アメリカへのあこがれを抑えられなくなり、二十六歳のときアメリカに亡命。そのときの所持金は二百ドルだったが、ICN製薬という会社を興して成功し、グループの総資産額がおよそ十五億ドルの国際的大企業に育て上げた。日本を含む世界各国に支社を持ち、CEOのパニッチは、常に自家用ジェットで各国を飛び回っている。つまり、パニッチはアメリカンドリームの体現者なのである。

この奇想天外な首相人事を実際に行ったのは、セルビア共和国大統領のミロシェビッチであ

る。その狙いははっきりしていた。ミロシェビッチ大統領が新首相に課した使命は、日ごとに悪化するセルビアのイメージを挽回《ばんかい》し、ボスニア・ヘルツェゴビナ政府とのPR戦争に逆転勝利を飾ることだった。

五月末に国連の経済制裁が実施されてからも、短期的にはセルビア市民の暮らしがすぐ窮地におちいるようなことはなかった。しかし、その将来的な影響の深刻さをミロシェビッチは憂慮していた。ミロシェビッチは政界入りする前、ベオグラード銀行で頭取を務めている。経済への知識と関心が深く、制裁が長く続けばその影響はじわじわと利いてくることを知っていた。しかし、どうすれば制裁解除を引き出せるのか、その方法がミロシェビッチにはわからなかった。

部下の一人が言った。

「セルビアの国際的なイメージは悪くなる一方です。西側諸国に向けてPR戦略を強力に推進できる人物を政府に迎える必要があると思います」

「PRに詳しい人物なんて、この国にいるのかね?」

「さあ、それは……」

その部下は答えられなかったが、そのときミロシェビッチの頭の中に浮かんだのが、アメリカにいるパニッチだった。

パニッチは、母国セルビアの評判が悪化していることを気にして、以前からアメリカで行動を起こしていた。セルビア人の二世である女性下院議員、ヘレン・ベントレーと協力して「セルビアネット」という組織を結成した。大学教授や、政界、財界の有力者など、アメリカにいるセルビア系の成功者たちが名を連ね、セルビア人のイメージ挽回のため知恵を絞ろうというグループである。メンバーの社会的地位を利用して、何回かセルビア擁護論の意見広告を『ニューヨーク・タイムス』紙などに掲載していた。ルーダー・フィン社のようなプロの参加がないために、それ以外のめぼしい成果はほとんど上げていなかったが、アメリカでセルビアのイメージ挽回《ばんかい》に努めるパニッチの名前は、ミロシェビッチにも聞こえていたのである。

「あの男を連れてきたら、使えるかも知れないな。アメリカの政界やメディアにもコネが多いに違いないしな」

ミロシェビッチは、作家出身でユーゴスラビア連邦大統領だったチョシッチと相談し、パニッチをちょうど空席になっていたユーゴスラビア連邦首相の地位に据えることにした。それはセルビア政界の誰も想像しなかったことだが、ミロシェビッチの考えである以上、逆らう者はいなかった。

当時、セルビア共和国とユーゴスラビア連邦はほとんど同一の国に近い状態になっていた。連邦を構成していた各共和国が次々に独立して離れてしまい、連邦に残っているのはセルビア共和国とモンテネグロ共和国の二つだけになっていた。この二共和国ではセルビアのほうがはるかに大きく、連邦の国土面積の八割、人口の九割をセルビアが占めている。それでも形式上は「連邦」が存在しているため、ユーゴスラビア連邦の大統領と首相、セルビア共和国の大統領と首相がみな共通の首都ベオグラードにいた。この四人の中で、実際に最も大きい権力を持っているのがミロシェビッチであることは誰の目にも明らかだった。

首相にスカウトされたパニッチは、ベオグラードでミロシェビッチや、連邦首相になる自分の直接の上司、チョシッチ連邦大統領と会った。

「今、西側のメディアはわれわれのことを不当に敵視している。アメリカで成功した君には、まずこの問題を何とかしてほしいのだ」

ミロシェビッチだけでなく、軍、そしてセルビアで大きな力を持つセルビア正教会の指導者たちすべてが同じことを言った。

「お任せください」

答えたパニッチは、自分に期待されている役割を明確に理解した。

パニッチは、ボスニア・ヘルツェゴビナ政府の背後にルーダー・フィン社がいることを知っていた。アメリカにいたころ「セルビアネット」の代表者の一人として、大手PR企業の上位の会社いくつかに契約を打診したことがあり、そこでパニッチは驚くべき結果に出会っていたからだ。

「それらのPR会社は、旧ユーゴスラビアの各共和国とすでに契約していたのです。クロアチアや、マケドニアなどが先行していて、私たちは出遅れていました」

パニッチは、ルーダー・フィン社を雇うことも検討した。そして、ルーダー・フィン社がすでに、クロアチア、その直後にボスニア・ヘルツェゴビナと契約してしまっていたことを知った。

それでも、パニッチには自信があった。パニッチにとってアメリカは、二百ドルを携えて飛び込んだ自分を億万長者にしてくれた国なのだ。自分はアメリカで成功する方法を知っている。政界、財界には知己がいくらでもいる。それにもうひとつ、パニッチは首相就任を受諾する前にブッシュ大統領と接触していた。

「ユーゴスラビア連邦首相になってくれ、と言われています。私は受けようと思っていますが、アメリカの市民権はそのまま保持しておきたいのです。アメリカ人としてユーゴスラビア連邦首相になりたいのです。なぜなら、私はアメリカ人なのですから」

と申し入れた。

厳密に言えば、アメリカ市民がユーゴスラビア連邦首相になり、連邦政府から給料を支払われれば、経済制裁違反だった。しかし、ブッシュ大統領は、パニッチがアメリカ国籍のままユーゴスラビア連邦首相になることを特例として認めた。

この一件でパニッチは、自分はブッシュ大統領のバックアップを得た、と考えた。

パニッチのPR戦略は、七月十四日の首相就任式から始まった。

この日、ユーゴスラビア連邦国会で、チョシッチ連邦大統領、ミロシェビッチ・セルビア共和国大統領と並んで最前列に座ったパニッチは、会議の中ほどでほぼ全会一致の首相指名を受けた。そして、演壇に登って受諾演説を始めた。その白眉《はくび》は、二十分ほど続いた演説の最後の一言だった。

演説は、当然のことながらセルビア語で行われていたが、突然パニッチは、

「So, help me God」

と言い、演説を終えた。

ユーゴスラビア連邦首相の演説が英語で締めくくられるなど、まったく前代未聞だった。

日本の総理大臣が、いかに英語が得意にせよ、最後に英語であいさつして演説を締めくくったらどうなるか、その異様さと同じ光景だった。

しかし、会場を埋めた議員たちは、一瞬静まり返った後、全員が立ち上がり、割れんばかりの拍手で新首相を歓迎した。それはベオグラードの人々が、自分たちを敵視する国際世論に心を痛め、パニッチにその挽回《ばんかい》を託した期待の大きさをあらわしていた。

だが、パニッチが神に捧《ささ》げた英語の祈りは、議場にいる国会議員たちに対して発せられたのではない。その場にいた西側各国のメディアのカメラを意識したものだったのだ。

カリフォルニアからベオグラードにわたって首相になったセルビア系アメリカ人は、そのユニークな経歴だけで、すでに多くの西側メディアが特別な興味を示し始めていた。

この「help me God」は、すぐに西側諸国の有力紙で紹介された。映像通信社も各社が判で押したように、演説の中でこの部分を切り取り世界に配信した。それは、サウンドバイト（要人などの発言を、数秒間の長さに編集したもの）で使うのに最適のセリフまわしだった。

就任演説の後開かれた記者会見でも、西側記者の質問に英語で答えるのはもちろん、地元記者のセルビア語の質問に対しても、はじめはセルビア語で答えていたが、すぐ英語になった。英語では質問をした当の記者が理解できないことも意に介していなかった。西側の記者は、取材が楽になると喜んだ。そのことがパニッチにとっては重要だったのだ。

「西側の記者たちも、はじめは私を懐疑的な目で見ていました。ですから、私はできることは何でもして、西側の記者にフレンドリーに振る舞ったのです。それが私の役目でしたから」

とパニッチは語っている。

パニッチが言うように、西側メディアの報道は、当初その多くがパニッチの実行力に半信半疑だった。三十七年ぶりにベオグラードに帰ってきたというだけではなく、アメリカでも政治の経験はゼロなのだ。そんなビジネスマンに何ができる、という論調も根強かった。それだけに、パニッチは必死のメディア対策を繰り広げた。

カリフォルニアの企業経営者が、突然セルビアのPR戦略を担ってあらわれた、という事態はハーフにとっても想定外の出来事だった。はじめは、パニッチ首相誕生のニュースが何かの冗談だと思った、とハーフは言う。しかし、本当だとわかると、

「これは、本格的な逆襲の始まりになりますよ。パニッチという男、どれだけやれるのかまだわかりませんが、手強い敵になるかもしれません。少なくとも、彼が動かせる資金は残念ながらこちらをはるかに上回っています」

と、シライジッチに警戒を促した。

調べてみると、パニッチは、自分が経営する製薬会社ＩＣＮが拠出する金に加えて「セルビアネット」の仲間たちからの献金もあわせれば、百万ドル以上をすぐにＰＲの費用として使える、ということがわかった。ボスニア・ヘルツェゴビナ政府が数万ドルの支払いにさえ苦しんでいる状況からすると、この資金力はけた違いである。

しかも、パニッチはこれまで、ＰＲ戦略を巧みに利用して大富豪にまでのし上がった男なのだ。時には違法性が問題となるような宣伝を行い、自社の薬の有効性を訴えるという手法をとってきた。エイズ治療薬のＰＲで人を惑わせるようなことをしていると、食品医薬品局（ＦＤＡ）や証券取引委員会（ＳＥＣ）から指摘を受けたこともあった。この問題に対し、パニッチは自らの正当性を主張し一歩も譲らない一方、民主党の有力者の資金集めに協力して味方を作ったのちに、政府と〝取り引き〟をして、和解を成立させるという抜け目なさを見せていた。

パニッチの最大の弱点は、ユーゴスラビア連邦国内に仲間がいないことだと思われた。この点についても、パニッチは着々と対策をとった。

まず、自分の内閣の情報大臣に、アメリカのスタンフォード大学で文学を研究していたミオドラグ・ペリシッチを呼び戻して据えた。ペリシッチは、根っからの学者で、ビジネスマンタイプのパニッチとは好対照の性格だったが、アメリカ暮らしが長く、英語が得意なうえ、アメリカ社会の仕組みに精通しており、パニッチとは気が合った。アメリカでのボスニア紛争報道がセルビア非難にかたよっていることに怒りを感じており、PRの必要性も理解していた。

また、ICN製薬で秘書室にいたアメリカ人、デビッド・カレフを秘書官としてベオグラードに連れてきた。カレフはPRのプロというわけではなかったが、ICN製薬では広報担当者の役目もはたしていた。何より彼は、セルビアにはゆかりのない、生まれながらのアメリカ人である。西側の記者がパニッチのインタビューを申し込むとき、窓口となるカレフがアメリカ人であることは、ボスニア・ヘルツェゴビナ政府におけるハーフの役割と同じで、西側記者の好感度が高い。たとえば海外取材の経験の少ない日本の記者がアメリカの要人にインタビューを申し込んだら、思いがけずその秘書が日本人だった、とわかったときの安心感と同じだ。

こうして、周囲を英語が得意で西側社会に通じた人材でかためたパニッチは、各国をめまぐるしく訪ね歩いた。二週間で十三ヵ国をまわり、フランスのミッテラン大統領、イギリスのメージャー首相など、欧州主要国のほとんどを含む二十七人の各国首脳と会談を重ねた。それはこれまでのセルビアの政治家にはない派手な外交スタイルだった。しかし、各国首脳とのコミュニケーションをはかること以上に大切なのが、行く先々で各国の記者やテレビカメラの注目を浴びることだった。

ベオグラードにじっとしていては、メディア露出の機会は限られる。このころ、ボスニア・ヘルツェゴビナの首都サラエボには、かなりの数の西側記者がいて、セルビア人による攻撃の模様を伝えていた。「あの冬季五輪開催地、サラエボが廃墟《はいきょ》と化している」という状況は絵になるし、記事になった。その一方でベオグラードは戦火が及んでいるわけでもなく、駐在する西側の記者はごく少数だった。しかし、パニッチがイギリスを訪問すれば、『ザ・タイムス』はじめロンドンにいる各紙の国際面担当記者のほとんどが集まるし、フランスに行けば『ル・モンド』も『ル・フィガロ』も来るのである。

各地で記者に囲まれたパニッチの言葉は巧みだった。

たとえば、

「私はセルビアという海賊船を平和の船に変えるためにやってきました」

といった具合に、印象的な比喩《ひゆ》にみちたパニッチの言葉はそのまま記事に引用され、見出しにもしばしば使われた。

パニッチは、「民族浄化」も積極的に使った。

「〃民族浄化〃はわが国の恥さらしだ。おかげで世界はセルビア人を野蛮人だと考え始めている。私はこれをすぐにやめさせる」

さらには、

「〃民族浄化〃を実行した者は、それが誰であっても収監され、国際法廷で裁かれるべきだ」

と言った。そのままシライジッチの言葉におきかえてもいいようなセリフだった。

セルビア人が「民族浄化」を行ったことを認め、それをやめさせる、という論理は、それまでのセルビア政界に一切関わりなかったパニッチでなければ使えない。パニッチは自分が新参者であることを逆手にとって、西側の記者が大喜びするセリフを連発した。

時をおかずして西側メディアの中には、パニッチに希望を託す論調が増えていった。

まず、アメリカの有力紙の一つ『ロサンゼルス・タイムス』が、パニッチの地元カリフォルニアの新聞社であることも手伝って、しばしば数段抜きの記事でパニッチの各国歴訪を伝え、その言葉を紹介した。また、『ニューズウィーク』誌の七月二十七日号は「Panic and Hope（パニックと希望）」という「パニッチ（英語での綴《つづ》りは「Panic」）」と「パニック」をかけたタイトルの特集を組み、パニッチの国内政治基盤の弱さを危惧《きぐ》する声を紹介する一方で、パニッチの旧友でもあるアメリカの元上院議員の言葉を引用し、

「ミロシェビッチは、パニッチが自分の思い通りにあやつれるような人間でないことにすぐ気づくだろう」

と書いた。その記事の署名には、ハーフが最も頼りにしていたジャーナリストの一人、マーガレット・ワーナーの名前があった。何の実績もないパニッチに期待をかけるような報道がこうして出てきていることは「アメリカ人がユーゴスラビア連邦の首相になった」という事実自体がひとつの有効なPR戦略として機能している証拠だった。

次の週の『ニューズウィーク』誌もほぼ一ページのスペースを使って、パニッチの単独インタビューを掲載した。パニッチは、自らの家族構成を持ち出して訴えた。

「自分の妻はクロアチア人ですし、娘はモスレム人と結婚し、イスラム教に改宗したのです」

パニッチは、自らが「広告塔」となりプライバシーを切り売りしてでも、セルビア人はモスレム人を差別し民族浄化をはたらいている、というイメージを払拭《ふっしょく》しようと考えていた。それは、使えるものは何でも使う、という決意の表れだった。

パニッチはシライジッチ外相のメディアでの活躍ぶりをアメリカにいるときから報道を見て知っていた。パニッチはシライジッチを評して、

「シライジッチは、並外れた〝PR人間〟です。話の内容なんか何もなくても、テレビカメラの前で涙を流してみせる人間です。もし彼がセールスマンになったら、素晴らしい成功を収めること間違いなしですね」

と言っている。

私のインタビューに答えるだけでなく、パニッチは、和平交渉の場で顔をあわせたシライジッチに直接告げている。

「君は、外務大臣なんかやっているよりも、中古車を売って歩いたほうが向いているよ」

シライジッチは、パニッチのこの言葉に笑顔を返したという。

パニッチは、セルビア側のシライジッチになろうと決心していた。

アメリカのメディアに起きた変化は、さらに大きな渦になろうとしていた。

「ボスニアの何がそんなに特別なんだ？」というタイトルの論文が『ナショナル・ジャーナル』誌に掲載された。筆者のコラムニスト、デビッド・モリソンは、

「ユーゴスラビア連邦で起きているおぞましい行為は疑いもなく許し難い。五万人のボスニア人

が殺されたかもしれない、さらに百四十万人が家を追われている」

と認めたうえで、

「だが、スーダンでは五十万人が死に、三百万人が難民になったのだ」

と指摘し、ボスニア・ヘルツェゴビナの悲劇だけが強調され過ぎていると主張した。

この論文の中では、アメリカを代表する国際問題のシンクタンク、ランドコーポレーションの有力研究員、ベンジャミン・シュワルツも、

「(アフリカとボスニアに) 違いはないはずだ。(ボスニアだけに関心を持つのは) 犯罪的でさえある」

とコメントしている。

こうした考えを持つ人は、パニッチが登場する前にもいたし、この後、パニッチが退場した後にもいただろう。だがそうした意見がメディアの表舞台に出てくるかどうかは、そのとき、メディアをどのような空気が支配していたかによる。ボスニア・ヘルツェゴビナ支持一辺倒の雰囲気が蔓延《まんえん》している中で、「ボスニアだけで悲劇が起きているわけではない」と発言するのは危険なことである。先に紹介したガリ国連事務総長が、そういう考えを表明して非難されたように、政治家ならその地位を失いかねないし、研究者やジャーナリストなら評価を台なしにしかねない。たとえそうした内容の論文を書いたとしても、編集者が発表のタイミングを見計らうだろう。

モリソンやシュワルツのような論調は、セルビア人の非人道的行為の存在を否定しているわけではなく、メディアにバランス感覚と広い視野を求めたまっとうなものと言える。いままで表面に出てくることがほとんどなかったこうした論調が出てくるようになったのは、パニッチの活躍がボスニア・ヘルツェゴビナ支持の激流に、少しだけ抵抗し得たことを示していた。

パニッチは、その流れをさらに弱めるべく、裏舞台でも策を講じようとした。

それは、アメリカの有力PR企業を雇うことだった。

パニッチは、自分がシライジッチの役目を果たすと同時に、ハーフの仕事もこなさなければならなかった。長年、社会主義国家としてチトー独裁のもとで存在してきたユーゴスラビアには、西側的な意味でのPRを理解し、パニッチを補佐できる者はいない。PRといえば、それは自国民を洗脳する宣伝工作のことだと思われていた。さまざまな努力と苦労のすえ、アメリカのジャーナリストや議員を手なずけることが必要だなどと考える者はほとんどいなかった。

「セルビア人たちは、真実はほうっておいてもやがては自然に知れることになる、と素朴に信じる人たちでした。だから、自分たちに有利に世論を誘導するためにはお金をかける必要もある、ということをわかってもらうのに、骨が折れましたよ」

セルビア側のPR工作に協力したアメリカ人の弁護士デビッド・アーニーは、PRに対するセルビア人の時代遅れの認識を嘆いている。

パニッチは、各国をめぐりながら、連日の記者会見やインタビューを、プロのサポートなしにこなし、疲れ切っていた。ボスニア・ヘルツェゴビナ政府にはルーダー・フィン社がついているのだ。セルビア人のために働くPR企業も絶対に必要だ。

パニッチはペリシッチ情報相に言った。

「ニューヨークに飛んで、優秀なPR企業を探して契約を結んできてほしいんだ。プロの知恵を借りていないのは、われわれセルビア人だけだよ。このままでは遅かれ早かれ負けてしまう。以前に私が探したときより対象を広げて、いろんな会社に声をかけてみてくれ。頼んだぞ」

と言った。

ペリシッチはアメリカに渡り、文字通り足を棒にしてPR企業を回った。だがセルビアとの契約をOKする会社は見つからなかった。クロアチアやボスニア・ヘルツェゴビナや、他の共和国はアメリカのPR企業を雇っているのに、なぜユーゴスラビア連邦政府だけがダメなのか、不思議に思いながらも、ペリシッチはパニッチの顔を思い出して一介の営業マンのように粘り強くPR企業を探した。

ついに、規模はそれほど大きくないが、いい仕事をすると評判のPR企業が、

「わかりました、正直に言ってすでに立ち後れていますし、困難な仕事ですが、私たちが挑戦しましょう」

と言ってくれた。

「ようやく、パニッチ首相にいい話を報告できそうだ」

ペリシッチは安心し、二日後、ニューヨークにあるその会社のオフィスを再び訪ねた。

だが、二日間でその企業の態度は一変していた。

「残念ですが、私たちはあなた方と契約することはできません」

「どうしてですか?」

「海外の顧客と取り引きする場合は、政府に届け出ることになっています。ところがユーゴスラビア連邦政府と契約し、支払いを受けることは法令に反する、と言われたのです」

「どうしてですか?」

「経済制裁措置に違反するからです」

五月末に国連の制裁に沿う形でアメリカ政府が打ち出した経済制裁策には、国連の制裁にはないある文言が加えられていた。そこには、物品だけでなく、

「あらゆる種類のサービスの輸出入も禁じる」

と書かれていた。

アメリカのPR企業が、ユーゴスラビア連邦政府やセルビア人のために働くことは、この条項に抵触する。

海外の政府や企業と契約するPR企業は、その契約内容を司法省に報告することが法律で義務づけられている。その司法省が、セルビア人とは契約をしないようにPR企業に指導している、という情報が、ワシントンのユーゴスラビア連邦大使館のもとにも入っていた。

「アメリカ政府は〝黒いセルビア〟のイメージを作りあげようとしているに違いない」

ペリシッチはそのときの実感をそう語っている。

この知らせを聞いたパニッチは、

「私はアメリカ人なんだ。なぜアメリカが、私に対してそんな態度をとるのだ」

と怒った。

パニッチは、アメリカ国籍のままユーゴスラビア連邦首相になる、という特権をブッシュ大統領から認められていた。そのことでアメリカ政府のバックアップをすっかり得たつもりになっていたが、アメリカ政府の見方はそこまでパニッチに甘いものではなかったのだ。

ナイルズ元国務次官補は、

「私には、彼がセルビア政界を抑えられないとわかっていましたよ。政治の経験がぜんぜんない

人物ですからね。彼はたしかにセルビア出身でアメリカでビジネスをおこしましたから、この両国に縁の深い人物でした。しかしそれだけのことです。彼には権力はなく、ミロシェビッチがパニッチを利用できると思っている間は、彼を利用するし、もう使えないと判断されれば、すぐに切り捨てられるというのが彼の立場ですよ」

と語っている。

アメリカ政府にしてみれば、パニッチの市民権保持を大目に見ることで、パニッチの首相就任を邪魔したという非難を避けることがまず第一で、そのうえでもしパニッチがなにがしかの成果でもあげてくれればもうけもの、というくらいの考えだった。

国務省のある担当者は、当時から有力紙に、

「パニッチの首相就任を邪魔したために、好転したはずのバルカン情勢が解決しなかったと言われるのはいやですからね」

と語っていた。

パニッチがアメリカ人だからというだけの理由で、それ以上のバックアップをする必要はなかったのである。

しかし、パニッチはPR企業との契約をあきらめなかった。どうしてもルーダー・フィン社に対抗するプロのサポートが必要だ、と考えていた。

在米セルビア人の組織を使う、という方法が考えられた。アメリカにいるセルビア系住民の団体が独自にアメリカのPR企業を雇うのであれば、経済制裁に反することにはならない。それはアメリカ国内での契約になる。ユーゴスラビア連邦への輸出入とは無関係だという理屈だ。そし

て、パニッチ自身が創設した「セルビアネット」をはじめ、資金が豊富なセルビア系の団体はいくつかアメリカに存在していた。

このとき実際に動いたのはパニッチと同じくカリフォルニアで成功した実業家、マイケル・ジョルジョビッチが主宰する「セルビア統一議会」という団体だ。ジョルジョビッチは、ユーゴスラビアが王国だった頃の王家の血筋を引く名門の出で、アメリカで成功したセルビア人の代表格としてパニッチともつきあいがある。チトーの社会主義政権下の母国では日の目を見ることができなかったが、今こそ祖国に尽くし、存在感を示すチャンスだ、と考えていた。

ジョルジョビッチは、ミルウォーキーで弁護士事務所を開いているデビッド・アーニーにこの仕事を託した。アーニー弁護士は生粋のアメリカ人だが、夫人がセルビア系アメリカ人で、セルビアに対し親近感をもっていた。

「わかりました、一人の友人として協力しましょう」

と言い、精力的にPR企業を探した。アーニーは、経験豊富なアメリカ人弁護士であり、文学の研究者だったペリシッチ情報相よりもはるかに能率的にPR企業を探すことができた。

アーニーが事務所を構えるミルウォーキーは、ウィスコンシン州の中心都市である。アメリカのビールの都として知られ、車で数時間の距離にあるシカゴからこのあたり一帯の五大湖沿岸地方には、セルビア系の移民が多く住んでいる。

アーニーは、ミルウォーキーの都心にある超高層ビルのほぼ最上階にある瀟洒《しょうしゃ》な事務所でインタビューに応じ、機関銃のような早口で証言した。

「誰もがすぐ思いつくような有名なPR会社は、すでに旧ユーゴスラビアの他の共和国と契約したと聞いていました。しかし、私は、ほどなくしてワシントンのあるＰＲ企業と仮契約にこぎつけました。そこはまだ新しい会社だったにもかかわらず、名門クラスに見劣りしない実力があるというもっぱらの評判でした」

それは、カーター元大統領の報道官で、切れ者として有名だったジョディー・パウエルが創設したＰＲ企業だった。野心的な会社で、政治や国際関係にどっぷり浸かるような仕事で手練手管を発揮するという話だった。

その会社、パウエル・テート社の担当者は飛行機でシカゴにやってきた。アーニーは妻とシカゴに赴き、ジョルジョビッチと合流して担当者の説明を受けた。

「それはそれは印象的なプレゼンでしたよ。いやこれなら間違いなく、セルビアの印象を挽回《ばんかい》できるとみんなで話しました。私たちは大喜びして、その後すぐ仮契約金として五万ドルの小切手を送ったのです」

パウエル・テート社からも、手付けの小切手をたしかに受け取った、と知らせてきた。

さまざまな障害があったが、ついにプロの助けをかりて本格的な逆襲が始まる。モスレム人たちの欺瞞《ぎまん》を暴き、彼らを上回るＰＲ戦略を展開してルーダー・フィン社とシライジッチの鼻を明かすことができる。

セルビア側の誰もがそう信じた。

しかし、そうはいかなかった。

ちょうどそのとき、「民族浄化」につぐもう一つの恐ろしいキーワードが、ヨーロッパから津波のような衝撃をともなって世界を襲い始めていたのである。

第十章　強制収容所

ボスニア北部のオマルスカに「強制収容所」があるというニュースが
世界中を駆けめぐった

ナチスとは、西洋社会の奥底に巣食うトラウマである。一九九二年八月初頭、その深い傷が、欧米社会にひとつの言葉を亡霊のように蘇《よみがえ》らせた。

それは、「強制収容所（concentration camp）」という言葉である。

「民族浄化」が、ホロコーストを直接言及せずに想起させる言葉なのに対し、「強制収容所」はナチスのイメージそのものである。「民族浄化」は、四年近くに及んだボスニア紛争を通して使われ続け、紛争の代名詞的な言葉となった。現在も国際政治の用語として定着し使われている。

一方「強制収容所」も、紛争終了まで使われはしたが、メディアを毎日のように飾ったのは、この年の夏の短い期間である。衝撃度が強い反面、効果が持続する時間は短かったと言える。

「強制収容所」はPR戦争での劇薬だ。その短い時間で、十分すぎる効果をあげたのだ。

『ウォールストリートジャーナル』紙の副編集長、ジョージ・マローンは、

「〝強制収容所〟は、非常に〝loaded〟な言葉だ」

と表現する。「loaded」とは、銃に弾丸が「装塡《そうてん》された」という意味である。そこから「言外に含みを持つ」という意味も派生する。実際、「強制収容所」という言葉がもつ言外のイメージは、鉛の弾丸のように危険な力を持っていた。

「強制収容所」と聞いたとき、人々が想像するのは、アウシュビッツである。全財産を没収され、やせ衰えたユダヤ人たちがガス室に送られる強烈なイメージである。

スピルバーグが、富も名声も得た後に『シンドラーのリスト』でアカデミー賞を獲りにいった時、選んだテーマが強制収容所だった。スピルバーグは、審査員の心の最も深いところを突くテーマがこれだ、と知っていたのだ。

セルビア人がつくり、モスレム人を収容している「強制収容所」がボスニア・ヘルツェゴビナに存在するという情報は、八月二日付のニューヨークのタブロイド紙『ニューズデイ』がスクープした。そして、他のメディアの後追い報道が、このニュースの衝撃度を劇的に増幅させた。シライジッチもハーフも、パニッチらセルビア側も、そしてアメリカの国務省も議会も「強制収容所」の荒波の直撃を受け、あるものはそれを巧みに利用し、あるものは飲み込まれた。

その日の『ニューズデイ』紙の一面は「死のキャンプ」という巨大な活字で飾られていた。ボスニア北部のオマルスカと呼ばれる強制収容所から逃れた二人の元囚人の証言が記事の中心で、そのうちの一人「メホ」というニックネームの六十三歳の囚人の顔写真と収容所の見取り図が添えられている。その証言によれば、この収容所では、八千人もの非セルビア人が鉄柵《てつさく》の中に入れられ、あるものは銃殺され、あるものは餓死している、というのだ。

この記事は、ハーフが取り計らって書かせたものではない。記事を書いたロイ・ガットマン記者は『ニューズデイ』紙のヨーロッパ支局長で、紛争前からドイツに駐在していた。ガットマンの名はルーダー・フィン社のコンタクトリストには載っていなかった。

しかし、ハーフは、この記事が出る前から、オマルスカに強制収容所らしきものがある、ということを知っていた。そして、ガットマンの記事は、これからハーフが行おうとしていたPR戦略にぴったりと符合していた。

それは、ボスニア・ヘルツェゴビナに入っている西側記者に可能な限りの便宜を供与して、サラエボはもちろん、ボスニア・ヘルツェゴビナ各地の情報を報道させようというものだった。

「具体的にはどうすればよいのだろうか?」

シライジッチがハーフに尋ねたとき、

「サラエボに西側記者のためのメディアセンターを作る必要がありますね。記者たちが仕事をしやすいように、本国と連絡がとれるファクスと電話を用意し、机と椅子、それから疲れたときに横になれるソファ、のどが渇いたときの飲み物がいつでもあるという施設を作るのです。そこで毎日、記者会見を開き、全国から入るモスレム人迫害のニュースを記者たちに与えればいいんですよ。それから、テレビのアップリンク（衛星中継の電波を打ち上げる設備）施設もあれば理想的になりますね」

とハーフはすすめ、「サラエボメディアセンター計画書」というタイトルの建設企画書を手渡した。それは、まるでオリンピックのときにできる国際メディアセンターのような陣容の設備で、最後のページには費用見積もり八十万ドルから百万ドルと記されている。これは当時のボスニア・ヘルツェゴビナ政府に出せる金額ではなかったし、戦火のサラエボでそうした設備を作ること自体不可能だった。

しかし、企画書にあったアイディアのうち、西側記者に対する定期的な記者会見を開催することは実現していた。シライジッチとは旧知の間柄で、イギリスへの留学経験があり当時ボスニア国営テレビに勤務していたセナダ・クレソという女性が、政府報道官という役職を与えられ、サラエボの自分のオフィスに毎日西側の記者を集めてブリーフィングを行うようになっていた。『ニューズデイ』紙のガットマンも、この記者会見の常連の一人だった。

強制収容所があるのではないか、という話は、現地では以前から囁《ささや》かれていた。五月ごろ、ボスニア・ヘルツェゴビナ政府は、ハーフの手を借りずに強制収容所の存在が噂される場所や規模そのほかの情報をまとめ、アメリカ国務省や国連に提出していた。それを行ったのは、できたばかりのボスニア・ヘルツェゴビナ国連代表部で大使を務める、モー・サチルベイである。サチルベイはアメリカ生まれのアメリカ育ちだったが、父親がイゼトベゴビッチ大統領と懇意だった縁で、急遽《きゅうきょ》、国連大使になった人物だった。

ハーフたち三人のジムは、内心ではアメリカ的で明るく、人柄もいいサチルベイに親近感をいだいていたが、ルーダー・フィン社を雇ったのはサチルベイではなく、シライジッチだった。そのため、ニューヨークのサチルベイが、「強制収容所」のリストをもって国際社会に訴えようとしたときにもハーフは動かなかった。そして、国務省や国連も、サチルベイから受け取った収容所リストを黙殺した。

ハーフが、「強制収容所」について真剣に考え始めたのは、ユーゴスラビア連邦にパニッチ首相が登場した後の七月末のことだ。そのころになると、ボスニアからの「強制収容所」の情報が具体性を増し、無視しがたくなっていた。

「たとえようのない怒りがこみ上げてきました。これは絶対に許してはいけないことです。このことを一人でも多くの人に伝え広めることが私の役割だと、強く自分に言い聞かせたんです」

と、ハーフはそのときの気持ちを語っている。

ちょうどそのころ、ボスニア政府から、ボスニア北部のプリエドルという町の近くの男性住民が、近くの鉱山にある鉄鉱石精錬工場に作られた強制収容所に連行されている、という情報が繰り返しもたらされていた。工場のあるあたりはオマルスカ、と呼ばれていた。

七月二十四日付の「ボスニアファクス通信」には、この情報に基づいて、

「プリエドルの二万人以上の男性市民が、オマルスカなどの強制収容所に収容されている」

という記事が掲載されている。二十八日にはその続報として、

「合計四十五の強制収容所がセルビア人によって運営され、九万五千人以上が拷問されている」

と伝え、付近に住むモスレム人の、

「すべては今世紀の初めにすでにヨーロッパで起きていることだ。それなのに、世界は何もしようとしないとはどういうわけなんだ」

という発言が掲載された。

ハーフは、今度はニューヨークの国連代表部とワシントンに共同戦線のネットワークを張ることにした。

七月二十九日に国際会議のためロンドンにいたシライジッチに送ったファクスで、「デビッド・フィリップスがニューヨークの国連代表部につめてアドバイザーになり、安保理に提出する反セルビアの新しい決議案を練る作業にとりかかりました」

と知らせている。フィリップスは、最初にシライジッチをハーフに紹介した人権活動家だ。国連に長年出入りしていて、誰にどのタイミングで働きかけるべきかを熟知していた。

一方、ワシントンのキャピトル・ヒル、つまり連邦議会では「三人のジム」の一人、議会工作に強いジム・マザレラを共和党の有力上院議員、ディコンシニの事務所に送り込み、「強制収容所」を非難する上院決議案を提出するように働きかけた。ディコンシニは、ハーフとは夕食をともにして、

「ジム、ボスニアの人たちのために、私はアメリカ人として何ができるのだろうか?」

などと話し合う仲だった。

こうして国連と議会に網を張って「強制収容所」キャンペーンを発動させようとした、まさにそのとき、『ニューズデイ』紙がオマルスカ強制収容所のスクープを報道したのである。

ガットマンは、どのようにしてこの記事を書いたのだろうか。

ガットマンの狙いは、メディアの世界に生きる人間特有の計算に基づいていた。

オマルスカのスクープに先立って、ガットマンは「強制移動させられるモスレム人が運ばれる列車」の記事を取材していた。この話も読者にナチスを連想させるストーリーだった。アウシュビッツに運ばれるユダヤ人たちが、列車にぎゅうぎゅうに詰め込まれ運ばれたのは有名な話だ。しかし、ユダヤ人を運んだのが貨車だったのにくらべ、セルビア人が使ったのは座席もきちんとある客車だったし、行き先もアウシュビッツではなく、難民としてオーストリアに送りこむためのものだった。

「囚人移送列車」に「強制収容所」と、ナチスを連想させるストーリーをなぜ狙ったのか、という質問に、ガットマンは、

「ナチス的ストーリーを狙ったというより、国営鉄道を移送に使うことや、収容所が存在することは、国家が主体となった組織的な非人道的行為があることの証明になるから取材したんだよ」

と答えている。同時に、

「われわれは、記事を書くのに"package"が必要だからね。強制収容所はそれにぴったりだったんだ」

という表現をした。ここでいう「package」を意訳すれば「読者の興味をひく一連のストーリー」を探した結果、たどり着いたのが「強制収容所」だった、というのである。

そしてもう一つ、ガットマン自身がユダヤ人である、という事実がある。これについては、

「わたしはたしかにユダヤ人だ。しかし、戦後生まれでホロコーストを体験していないし、記事を書くうえでは自分の宗教や民族性は関係ないね」

と答えている。

ガットマンはこの記事を書くにあたり、オマルスカには行っていない。

別のテーマの取材を企画して、ボスニア北部のセルビア人支配地域に入ったとき、協力者のモスレム人から「近くにオマルスカという場所があり、多くのモスレム人が収容され、虐待されている」という話を聞いて地元警察の広報にオマルスカ取材を申し出たのだ。

セルビア人の広報担当者は、

「いいでしょう、私たちが連れて行ってあげましょう」

と即答した。

ガットマンは、以前にも、この近くにあるマニアチャという別の捕虜収容所を訪れ取材したことがあった。そこにいた囚人たちの待遇はよいとは言えなかったが、「強制収容所」とまで言えるようなものではなかった。

ガットマンにオマルスカの情報を伝えたモスレム人の話では、オマルスカこそ強制収容所と言える場所に思われた。そこに案内してくれる、というのである。

「これは大変なスクープがとれるかも知れない」

と、ガットマンはわくわくした。

しかし、しばらくすると、

「現地に連れて行くと、あなたの身の安全が保障できない。だからこの話はなかったことにしたい」

と担当者は前言を翻した。

これを聞いたガットマンは、

「どういう意味だ。警察が同行するのに安全が保障できないなんて、そんなことがありえるか？　そうか、やはりこれはオマルスカに〝強制収容所〟があるからに違いない、それを連中は隠そうというんだな」

と考えた。

しかし、現地警察の許可なしでオマルスカに行く方法はどうしてもみつからず、いったん隣国クロアチアの首都ザグレブに退いた。そこから、アメリカの本社の編集者に電話をかけ、

「強制収容所がある、というんだが、現地に入れないんだ」

と、相談した。編集者は、

「オマルスカに行けなくても、そこから逃げてきた囚人がいるんじゃないのか？　そのインタビューをとれば記事にできるだろう」

と答えた。

「そうか、そういう手があるかもしれない」

ガットマンは、今滞在しているザグレブにも難民キャンプがあり、そこにボスニア・ヘルツェ

ゴビナから逃げてきたモスレム人がいることに思い当たった。

さっそくキャンプに赴いたガットマンは手当たりしだいに難民たちに話を聞き、ついにメホたち二人の「オマルスカ出身者」の「強制収容所」についての証言を得ることに成功した。

ガットマンは、この証言の「ウラ」をとるために、国際赤十字や国務省の担当者に取材した。

「オマルスカには強制収容所がある」とは誰も言わなかった。しかし、「そんな記事を書くことはやめろ」と言う者もいなかった。国際赤十字の担当者は、

「われわれもオマルスカに入ることを許されていないんだ。もしそこが〝死の収容所（death camp）〟でなければ、彼らは私たちを入れるはずだと思う」

と言った。

ガットマンは再び本社に連絡し、この経緯を説明した。

「よし、それでいい、記事を送ってくれ」

と編集者は言った。ガットマンは躊躇《ちゅうちょ》した。

「あと四十八時間、いや、二十四時間あれば、もっとデータが集められるんだ」

しかし、編集者は、

「もうこれで取材は十分だ。それより記事を送ってくれ」

と強く言った。ガットマンはその指示に従った。

「自分の記事が早く出れば、より多くの囚人の命が助かるかもしれない、と思ったんだ」

と、ガットマンは言う。

原稿が送られ、本社の編集者は「死の収容所」と見出しをつけ、一面トップを最大級の活字で

飾った。

セルビア人の「強制収容所」を、はじめて本格的に世界に知らせる記事は、こうして書かれた。それが十分な取材と裏づけに基づいたものかどうか、判断は難しい。ガットマンは現場には行っていないのだ。すべてはまた聞きの情報である。だから、現在もセルビア人の中には、ガットマンの記事は信用できない、と言う人もいる。もちろん、ガットマン自身は自分の記事に自信を持っている。

ガットマンは、このスクープでピュリッツァー賞に輝いた。

ガットマン本人はルーダー・フィン社のリストにはのっていないが、『ニューズデイ』紙の国務省担当記者で、編集者でもあるサウル・フリードマンは、「ボスニアファクス通信」を受け取っている。フリードマンは、定期的にガットマンと連絡を取りあっていた。ガットマンの証言にもあるように、情報を集め記事を書くのは現場の記者であっても、それがどのような形で、どのタイミングで記事になるかについては、編集者の意図が大きく働く。これは、ファクスと電話がコミュニケーション手段の中心だった当時もそうだが、インターネットと電子メールの現在でもかわらない。つまり、PR企業が現場の記者にアクセスできなくても、ワシントンやニューヨークの本社に何らかの影響力や情報を与えられれば効果をあげることができる。ガットマンの場合には、ハーフの『ニューズデイ』本社への接触があったからこのスクープが報道されたとは言えないが、現地からリポートを送り続けていたNPR（全米公共ラジオ）のシルビア・ポジオリ記者は、

「ボスニア・ヘルツェゴビナの現場で、若い記者たちが本社の編集者の指示をうけて、現場で見

聞きした事実を曲げて伝えるような記事を送っていたのを何度も見ましたよ。ＰＲ企業もそれを知っていて、メディアの本社を狙っていたんです」

と述べている。

だが、『ニューズデイ』紙のスクープが出た日に、すぐその記事がワシントンで大きな話題になったわけではなかった。

「反応はどうだった？」

記事を書いたガットマンは本社の編集者に問い合わせた。

「今のところあまりないようだ」

編集者の答えにガットマンは落胆した。

国務省で欧州担当の次官補だったトーマス・ナイルズは、ガットマンの記事についてこう語っている。

「たしか、あの記事はロングアイランドの新聞に最初載りましたよね。でも、その記事だけでは、事の真偽は私たちも確かめようがなかったんですよ」

これが『ワシントン・ポスト』紙や、『ニューヨーク・タイムス』紙だったら話は違っただろう。しかし、『ニューズデイ』は、タブロイド判の地方新聞にすぎなかった。本社のあるロングアイランドは、マンハッタンの東に広がる島で、ニューヨークのベッドタウンになっている。日本に置き換えて考えれば、『ニューズデイ』紙は東京から見て、房総半島に本社がある小新聞社のようなものだ。

しかし、ハーフはこの記事の持つ意味を即座に見ぬいた。

「ワシントン中に、このストーリーを広めるんだ」

翌三日の「ボスニアファクス通信」で、さっそくガットマンの記事が紹介されている。『ニューズデイ』紙の記事が「ボスニアファクス通信」に掲載されるのは、初めてのことだった。

この日から、ガットマンの記事がじわじわとワシントンに波紋を広げ始めた。

国務省の副報道官、リチャード・バウチャーは、記者に『ニューズデイ』紙の記事について聞かれて、

「強制収容所についてはわれわれのもとにも情報がある」

と答えてしまった。上司のタトワイラー報道官は、バカンスでアフリカのサファリに行っていた。留守を預かっていたバウチャーにしてみれば、自分たちの情報収集能力に対する疑問を払拭《ふっしょく》するつもりの発言だったのだろうが、逆にそれは、強制収容所について知りながら情報を公開せず放置していたのか、と非難をあびる危険をはらんだ発言だった。翌四日には、議会でこの発言が問題となり、ナイルズ国務次官補が、

「昨日のバウチャー発言の報道には根拠がない」

と、事実上、身内の発言をあわてて撤回せざるを得なかった。

実際のところ、国務省は「強制収容所」をあまり重大な事態だとはとらえていなかった。アフリカで報告を受けたタトワイラー報道官も、

「収容所のニュースは、それまでに毎日のように聞かされていた残酷極まりない話の数々にくらべれば、とくにひどいこととは感じませんでした。子供の目前で母親がレイプされる、撃ち殺さ

れる、といった話を私は連日聞いていたんですから」

という認識だった。

そのころ、ボスニア・ヘルツェゴビナ北部では、イギリスのテレビニュース制作会社、ITNの取材クルーが、ガットマンの記事にあったオマルスカ収容所に向かっていた。「死の収容所」が簡単に取材できるわけはない、と思っていたが、ボスニア・ヘルツェゴビナ領域内に住むセルビア人たちの指導者、ラドバン・カラジッチは、

「いいだろう。取材してみればいい」

とあっさり許可した。そこでITNクルーは、西側の報道機関として初めてオマルスカを取材した。そこで取材陣が見たものは、「捕虜収容所」の概念にあてはまるものでしかなく、アウシュビッツに匹敵するものではなかった。取材が許可されるくらいだから、すでに「強制収容所」に該当するような行為の証拠はどこかに隠されてしまったのかもしれない。

そのときのクルーが本社からどのような指示を受けていたか、クルーを率いていた女性記者、ペニー・マーシャルは『ザ・タイムス』紙の日曜版に正直に述べている。

「私たちは、本社から、収容所の取材をしネタをみつけるまでは、他の記事はいっさい送る必要はない、と命令されていました」

取材クルーは、次にトルノポリエというオマルスカの近くにあるもう一つの収容所を取材した。そこも、衛生状態は相当に悪く、拷問や殴打が行われているという証言もあったが、「強制収容所」とまで言える場所ではなかった。ただ、真夏の暑い時期で、野外では上半身裸で過ごし

ている人も多かった。その中にはひどくやせている男性もおり、あばら骨が浮き出ていた。マーシャル記者と同行していたカメラマン、ジェレミー・アービンは、一人のやせた若い男にフォーカスをあわせ、撮影した。アービンとその男の間には、有刺鉄線が張られていた。前に述べたように、別のドイツ人ジャーナリストによる戦後の調査では、この有刺鉄線は囚人たちを閉じ込めるためのものではなく、紛争前からその場所にたまたまあったものだが、結果的に映像の構図はやせさらばえた男が有刺鉄線の向こうにいる、というものになった。この構図が、きわめて重要な意味を持った。

クルーは、結局トルノポリエでも「強制収容所」を見ることなくボスニア北部を後にし、取材拠点としていたハンガリーのブダペストに戻った。そこで編集機にテープをかけた時、初めてこの映像の持つインパクトに気がついた。有刺鉄線越しの、やせ細った男の映像、それはまさに人々が心の中に持っている「強制収容所」のイメージそのものだった。

この映像は、すぐにイギリスに伝送され、八月六日の夜、ＩＴＮのニュースで放送された。ハーフはこの映像について、いち早く翌日の「ボスニアファクス通信」で報じている。そして、アメリカ中の放送局や新聞、雑誌社がこの「やせた男」の映像を争うように購入し、自らのメディアで流した。繰り返し流される衝撃の映像に、アメリカ世論は沸騰した。

『ニューヨーク・タイムス』紙は「セルビア人を甘やかしてはならない」という社説を掲載し、「何千人もの人々が強制収容所に捕らえられている」と論じた。

議会でも、有力議員たちが次々に「強制収容所」という単語を使い、ナチスになぞらえてセルビアを非難した。

そして、ブッシュ大統領が、

「セルビア人たちに捕らえられた囚人の映像は、この問題に有効な対処が必要なことを示す明らかな証拠だ。世界は二度とナチスの〝強制収容所〟という神をも恐れぬ蛮行を許してはならない」

とホワイトハウスの記者会見で話したことで完全に流れが決まってしまった。

「やせた男」の映像が大きな反響をもたらした背景には、悲惨な姿をさらしていたのが欧州の白人だったということもある。『ニューヨーク・タイムス』紙のバーバラ・クロセット記者は、

「ヨーロッパの人だと一目でわかる顔をした人が残虐行為を受ける絵柄に、人々はショックを受けたのです」

と言っている。同じ構図の中にいるのがアフリカの黒人だったら、西洋社会にこれほどの衝撃は与えなかっただろう。

ともあれ、ハーフにとってこの展開は幸運だった。ガットマンもITNも、ハーフが働きかけて取材に行かせたわけではなかった。しかし、ガットマンの記事より早く「オマルスカ強制収容所」の情報を流していたことでわかるように、ハーフの情報は、彼らの取材より常に一歩先を行っていた。そのため「強制収容所」について新しいニュースが出るたびに、即座に適切な対応をとることができた。

ハーフは、

「スクープをもたらしたのは、ロイ・ガットマンのようなジャーナリストたちの努力の賜物です。私たちがしたのは、彼らの記事を広め、人々の目を覚まさせることだったのです」

と言っている。

私もメディアの人間なのでよくわかるが、私たち自身、他のメディアが伝える情報を参考にして取材することは多い。他社の記事からヒントを得てテーマを定めることもある。ある一つのテーマが最初にスクープの形でもたらされた場合、それが大きな波となって広がるかどうかは「主流」とされる他のメディアがこぞって後追いをするかどうかで決まることが多い。とくに、最初のスクープが「主流」でないメディアで行われた場合、他のメディアの動きが重要な鍵《かぎ》を握る。

ハーフはそれを熟知していた。

そしてハーフは、事前の準備を十分に生かして、「強制収容所」の衝撃を、時をおかずに国連と議会での動きに結びつけた。

あらかじめフィリップスとマザレラを送り込んでいたニューヨークの国連とワシントンの連邦議会から、次々と新しい知らせが入ってきた。

まず八月十一日、議会の上院と下院は、それぞれセルビアを厳しく非難する決議案を採択した。上院決議案の検討にはマザレラのいるディコンシニ議員の事務所が深くかかわっていた。ハーフのもとにマザレラから事前に送られた決議案の草稿が残っている。手書きの修正跡や書き込みだらけのその案文は、ボスニア紛争での状況を解決するために「すべての必要な手段」つまり、軍事力の行使も支持する、という内容だった。

こうした決議に強制力はないが、セルビア非難に賛成か反対か、議員一人一人に「踏絵」を踏ませる意味があった。

ドール議員の秘書、ミラ・バラタは、

「もし、決議に反対者がいたら、その議員に『セルビア人の行為のどこを支持するというのか』と詰め寄って味方になるよう説得することができる」

と、議会で決議を採択することの効用を説明している。

続く八月十三日に国連安保理で採択された決議には、「ボスニア・ヘルツェゴビナ政府代表部からもたらされた文書に基づき」という表現があった。それはニューヨークのサチルベイ大使とハーフとの間でファクスを往復させて練り上げられた文案のことをさしていた。決議はボスニア・ヘルツェゴビナ政府の主張をほとんどそのまま取り入れたもので、セルビアを徹底的に非難している。本文に「強制収容所」という単語を使うことこそ避けていたが「捕虜収容所での市民の強制収容や暴行」という表現が盛り込まれた。これが世間一般で流布している「強制収容所」を外交用語的に表現したものであることは誰の目にも明らかだった。そして、決議の末尾は、

「決議が守られない場合、安全保障理事会は、次の手段に訴える必要に迫られるだろう」

と結ばれていた。

これに続いて国連人権委員会の臨時会議が史上初めて開催された。それまで国連人権委員会は、定期総会以外に加盟各国が集まる会議を開いたことはなかった。しかし、国際世論の高まりをうけ、ボスニア紛争の人権問題を審議するために異例の措置で開催されることになったのだ。

会議は「強制収容所」一色に染まった。会場の一角には大きなテレビモニターが設置され、ITNが報道した「やせた男」の映像を参考資料として繰り返し映し出し、各国の委員はその恐ろしいイメージにあらためて目を見張った。そこで採択された決議には、紛争当事者のなかでとくにモスレム人がひどい人権侵害をうけている、と明記されている。それまでの国連の決議では、

モスレム人、セルビア人、クロアチア人、それらすべての勢力に対して平和的な行動をうながす、という言い方になっていた。モスレム人だけを取り上げて被害者だと認めたことは異例の表現だった。

この間、PR戦争での「逆襲」を始めていたユーゴスラビア連邦のパニッチ首相ら、セルビア側の首脳たちは何をしていたのだろうか？

パニッチは、最初にガットマンの記事が出たとき、即座に、

「嘘だ、そんなものがあるはずはない」

と叫んだ。

アメリカで育ったパニッチは「強制収容所」という言葉がもたらす影響の深刻さを理解していた。すぐに情報大臣のペリシッチに命じ、ボスニアに住むセルビア人のリーダーたちに連絡を取らせ、情報を集めた。

パニッチにとって不幸だったのは「強制収容所」の問題が、すでに独立していた「隣国」ボスニア・ヘルツェゴビナ国内で起きていたことだった。ボスニア・ヘルツェゴビナの領域に住むセルビア人たちは、「ボスニア・ヘルツェゴビナ・セルビア人共和国」という自分たちだけの「政府」と「議会」を作り、ユーゴスラビア連邦から独立したボスニア・ヘルツェゴビナ共和国の中にさらに作ったセルビア人の国、という形をとっていた。

ベオグラードにいるユーゴスラビア連邦の首相パニッチにとって、このボスニアの中のセルビア人支配地域は、制度上「隣国」であって直接権限の及ぶところではなかった。そこにどのよう

な収容所があり、何が起きているか、実際のところ把握していなかった。

しかし、国際世論はこの聞いただけで頭が痛くなるような複雑な民族間の支配構造に理解を示さなかったし、要するにパニッチのいるセルビア人なのだから、ボスニアのセルビア人もコントロールしているのだろう、と考えていた。

パニッチ首相の部下、ペリシッチ情報大臣は、サラエボ郊外にあるリゾート地、パレに電話をかけた。そこには、「ボスニア・ヘルツェゴビナ・セルビア人共和国」の「政府」や「議会」があり、彼らの「首都」の機能を果たしていた。

電話口に出たボスニア・ヘルツェゴビナ・セルビア人共和国の首脳は、何のことを言っているのかわからない、という風情でのんきに、

「強制収容所ですって？　そんなものあるわけないでしょう。信じられないのなら、いつでも見に来てくださいよ」

と言った。

ペリシッチは、オマルスカ収容所に近いボスニア北部の自治体にも電話した。そこはセルビア人が支配しており、役職者はすべてセルビア人になっていた。答えは同じく、強制収容所などない、というものだった。

「よしわかった、この問題が広がると大変なことになるんだ。頼むから、モスレム人を大切に扱ってくれよ」

とペリシッチは伝えた。

この話を聞いたパニッチは、

「それなら、その〝強制収容所〟があるという場所に行ってみよう。アメリカやヨーロッパの記者も連れて行くんだ。そこに〝強制収容所〟がなければ、この話はそれで終わりだよ」

と言い、西側記者同行の「強制収容所検証ツアー」を発案した。

だが、問題のオマルスカをはじめ、ボスニア・ヘルツェゴビナ共和国内にある収容所には、入国手続きなどの問題がいくつかあり、すぐには訪問できないことがわかった。そのかわり、ユーゴスラビア連邦の領域の中にあるスボティッツァというハンガリーとの国境地帯の町に向かった。ルーダー・フィン社の「ボスニアファクス通信」にも掲載されたボスニア・ヘルツェゴビナ政府作成の「四十五の強制収容所のリスト」には、このスボティッツァも含まれていたのだ。

現地についてみると、そこは前年から続いていた旧ユーゴ内戦で捕えられたクロアチア人などが収容されている普通の捕虜収容所だった。虐待や拷問や、殺人などを示すものは何もない。

パニッチは同行した西側の記者たちに胸をはって、

「もし、君たちが〝強制収容所〟を見つけることができたら、賞金五千ドルを進呈するよ」

と言った。

同行した記者たちからは笑いがもれた。

五千ドル、という金額も間が抜けているが、もともとユーゴスラビア連邦の中にあり、パニッチ首相の権限が及ぶ場所にある収容所が「強制収容所」ではないことは初めからわかっていることである。それは出来レースのようなものだった。

そして、このツアーが行われたちょうどその晩、イギリスITNが「鉄条網ごしのやせた男」の映像を放映した。

パニッチはこれを見て仰天した。その映像は、パニッチをして強制収容所の存在を信じさせるのに十分な説得力を持っていた。

「強制収容所は、やっぱりあるじゃないか」

パニッチとペリシッチは、パニックに陥った。

ペリシッチは、セルビア共和国のミロシェビッチ大統領のもとを訪れ訴えた。

「これは大変なことになります。何か手をうたなければなりません」

ユーゴスラビア連邦政府の閣僚であるペリシッチにとって、セルビア共和国大統領のミロシェビッチは本来なら上司ではないし、二人はとくに懇意というわけでもなかった。しかし、ペリシッチはいてもたってもいられなかった。

ミロシェビッチは意外に冷静だった。

「まあまあ、落ち着こうじゃないか。真実というものは、やがておのずと明らかになるものさ。いずれ、今出ている話はみんな嘘だとわかるよ」

ミロシェビッチは、「強制収容所」の報道が引き起こす結果の重大さをまったくわかっていないようだった。ペリシッチは反論した。

「いや、そんな悠長なことではだめです。私たちをナチスよばわりする国際世論が、すぐにできあがってしまいますよ。早く何とかしないと」

パニッチも、同じ思いだった。

一両日のうちに、欧米のメディアは次々と徹底したセルビア非難の論陣を張り、各国や国際機関の指導者の厳しいコメントで紙面は満ちあふれた。

「何とか次のよい手を考えないと。素晴らしい逆転の一手を」

思いをめぐらすパニッチのもとに、アメリカからひとつのメッセージが届いた。それはアメリカ三大テレビネットワークのひとつ、ABCの大物政治記者、サム・ドナルドソンからの、ある大胆な独占取材の申し出だった。

それはパニッチが捜し求めていたものだった。

「これこそ、世界を驚かせる逆転ホームランになるぞ」

最高のアイディアに見えたこの提案は、悲劇的な結末を迎えることになる。

その悲劇について触れる前に、ここで一度振り返っておきたい問題がある。それは、はたして「強制収容所」は本当にあったのか、という問題である。


紛争後、オランダのハーグに設置された旧ユーゴスラビア国際戦争犯罪法廷で、いくつかの「収容所」の責任者たちがその罪を問われ、審理の過程で多くの証言が集められている。オマルスカ収容所では、下級の看守にあたる者など五人が被告となり、一審の有罪判決が下されているが、所長は逃走している。

私が取材でオマルスカを訪れたとき、かつて囚人たちが収容されていたという精錬工場はまだ細々と稼動していた。案内してくれたセルビア人の地元の警察官やジャーナリストは、当時銃殺が行われたと報道された壁の前に私を連れて行き、そこに弾痕《だんこん》がないことを示して虐殺などがあったとは信じられない、と口々に訴えた。

現地を取材し、証言を収集し資料にあたる限り、オマルスカや「やせた男」の映像が撮られたトルノポリエが「民族浄化」の舞台となったことは間違いないだろう。さらに、殺人や拷問もあったが、それは現場の収容所長レベルの判断で行われたものではないかと私は考えている。パレにいたボスニア・ヘルツェゴビナのセルビア人の指導者たちや、ましてやベオグラードのパニッチらは収容所の実態について知らなかったのだろう。

行われた人権侵害は許しがたいものだし、その責任を誰に問うべきかはきちんと議論しなくてはならないが、オマルスカなどの「収容所」はアウシュビッツとは規模が違うだけでなく、ヒトラーが意識的にユダヤ人絶滅を意図した「強制収容所」とは異質のものだったと思われる。

当時さまざまな立場で報道にかかわったジャーナリストたちが、今では、ナチスのユダヤ人虐殺、そしてガス室という歴史上の特定の事件を思い起こさせる言葉を、ボスニア紛争の報道で使うことが正しかったかどうか、疑問を感じている。

『ワシントン・ポスト』紙で、国際ニュース担当の編集者だった、アル・ホーンは、

「〝強制収容所〟という言葉には抵抗がありました。実際にボスニア・ヘルツェゴビナにあったものはナチスのガス室とは違うものだったと思います。セルビア人が、モスレム人を殺害する目的で収容したのか、彼らが民兵部隊に徴用され武器をとって戦うことを阻止するために拘束していたのか、どちらなのかを断定することは不可能です」

と言っている。

『ニューヨーク・タイムス』紙のコラムニストでバルカン地域を専門とするデビッド・ビンダーは、

「ボスニアにあったのは、ナチスが作ったような強制収容所ではなかったのだ。それに収容所は

セルビア人もモスレム人もどちらも作っていたんだ。それが、善悪二元の描かれ方をしたのは、いかにもアメリカ特有のやり方だよ。アメリカ人というのは何でもすぐに単純にドラマ化したがる勧善懲悪劇が大好きな国民なんだ」

と、当時の報道のあり方について批判的な見解を述べている。

最初のスクープをした『ニューズデイ』紙のロイ・ガットマン記者に、

「〝強制収容所〟という言葉を使ったことは正しかったと今も思うか？」

と質問したところ、

「言葉の使い方だって？　たとえ私の使った言葉が、ナチスがしたことと少しばかり違うことをさしていたとしても、その言葉を使うよりほかなかった。私だってそういう言葉は嫌いだよ。でも、他に適切な言葉を思いつかなかったんだ。これは国家が組織した犯罪で、ひとつの民族が他の民族より優るという考えのもと、ある民族の権利を奪い、動物以下に扱ったということなんだ。人権に対する犯罪だし平和に対する犯罪なんだよ」

と、答えた。

「やせた男」の映像をスクープしたＩＴＮのマーシャル記者の名誉のために付け加えれば、この五年前までロンドン郊外の小さな町の地方版を担当していたという彼女の報道は、取材が行き届いていてきちんとしたものである。セルビア人がはたらいた暴力行為の証言もしっかりとっている。そもそも彼女は、常に「捕虜収容所」という言葉を使い、「強制収容所」とは言っていない。

だが、世界を動かしたのはそうした報道のディテールではなく一枚の衝撃的な写真であり、それは確実に、受け手の側によってナチスと結びつけられたのだ。

こうして、「強制収容所」の嵐は、パニッチ首相の登場によって始まっていたセルビア側の「逆襲」に決定的なダメージを与え、ハーフの立場を有利にした。

「おかげで私たちの仕事はやりやすくなりましたよ。有力な議員たちはシライジッチが訪米すると、競って彼に会いたがるようになりました。メディアもそうでしたし、デビッド・ブリンクリー(ABCのキャスターでアメリカを代表する政治ジャーナリスト)だろうが誰だろうが、みんなボスニア・ヘルツェゴビナ政府のスポークスマンである彼の話を聞きたがりました」

ハーフは、私にそう語った。

第十一章　凶弾

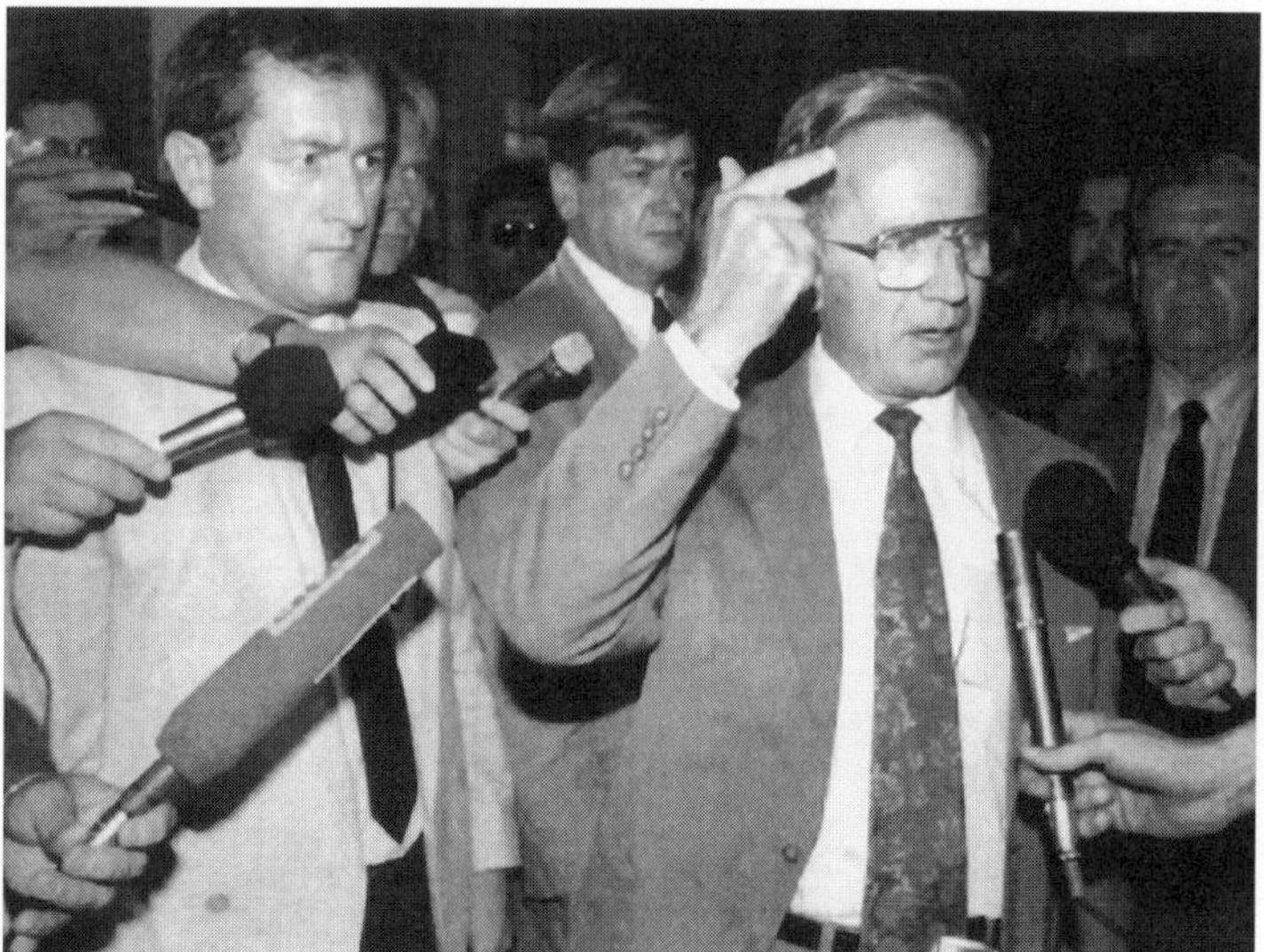

1992年8月13日、パニッチ・ユーゴスラビア連邦首相の記者会見。
同日、サラエボ空港からボスニア・ヘルツェゴビナ大統領府に向かう途中で、
パニッチに同行したABCのプロデューサーが狙撃され命を落とした

一九九二年八月十三日。サラエボ空港から市内に向かうバンの中で、アメリカ人の報道プロデューサー、デビッド・カプランの背中から腹部を一発の銃弾が貫いた。数時間後、カプランは四十五年の人生をサラエボ市内の病院で終えた。その死が確認される直前、病院にかけつけたパニッチ・ユーゴスラビア連邦首相が、西側記者の質問に怒鳴り声をあびせる映像が残っている。

「これはセルビア人の仕業ですか？」

「そんなくだらない質問はやめろ！　君たちはこんなときにも、そんな質問しか考えつかないのか！」

西側記者との友好関係を売り物にしていたパニッチ首相が取り乱すのも仕方なかった。カプランにふりかかった悲劇はパニッチ自身が画策に関わったPR戦略の結果だったのだ。

八月はじめの『ニューズデイ』紙ガットマン記者の「強制収容所」報道と、それに続くイギリスITNの「鉄条網ごしのやせた男」の映像は、セルビア側のPR戦略を根底から破壊しようとしていた。

ITNの映像が配信されてから数日後、アメリカのセルビア人団体が苦心の末に見つけたPR企業、パウエル・テート社の担当者から、交渉窓口の弁護士、デビッド・アーニーに電話がかかってきた。

「とても残念ですが、契約を中止したいのです」

「どうしてですか、つい先週、シカゴまで来ていただいて、契約書を取り交わしたばかりではないですか。手付けの五万ドルの小切手もとどいているでしょう」

アーニー弁護士は抗議した。

「率直に言って、今の状態ではセルビアのイメージはあまりにも悪すぎます。どのようなPRキャンペーンも効果がないと私たちは判断しています」

「しかし、そういう不利な状況にある私たちのPRを担当することこそ、プロとしてやりがいのある仕事なのではないですか？　今の報道は一方的で偏ったものです。世論の誤った認識を正すのを手伝ってください！」

電話やファクス、手紙を通じてのアーニー弁護士の説得と懇願も通じなかった。パウエル・テート社は世論の急展開を見て、冷徹な判断を下したのだ。

最終的な契約破棄を伝えてきたファクスには、最も重要な理由として、

「あなた方は、PRに使う資金があるのなら、それを現地で苦しんでいる人々の人道援助に使うべきなのではないでしょうか」

とある。バルカンで多くの人々が苦しみ、援助を必要としていることはこの数ヵ月ずっと報道されていることである。パウエル・テート社がアーニー弁護士と契約の話を進めていたのは、ここ一、二週間のことなのだ。いまさらこのようなおせっかいなメッセージを送りつけるということは、真の理由が他にあることを示していた。

「ワシントンの有名なPR企業が、いったん受けた仕事を前言を翻して断ったことには心から失望しました。〝セルビア人のために仕事をしている〟ということが世間に知れたら、彼ら自身の評判に傷がつくのではと心配になったに違いないのです」

アーニー弁護士は、そう振り返る。

ルーダー・フィン社の「三人のジム」の一人、ジム・マザレラは、同じPRの専門家として、「セルビア人は〝ラジオアクティブ〟な存在になってしまっていたんです。彼らは、そのことに気づくのが遅すぎたんですよ」

と分析する。「ラジオアクティブ」とは、放射能を持っているという意味である。セルビア人は、彼らに触れたり、近づいたりしたものまでも汚染し、世間の悪評の対象にしてしまう存在になっていた、というのである。

アーニー弁護士は、仕方なくパウエル・テート社と契約することをあきらめた。契約断念の意思を伝えると、パウエル・テート社の担当者は、

「それなら、先日シカゴまで行って打ち合わせをしたときの出張旅費分を支払ってください」

と要求した。いったん合意した契約を自分たちから反故《ほご》にしたことなど、忘れてしまったかのようだった。セルビア側は、その支払いを拒否した。

こうして、ルーダー・フィン社に対抗しうるPR企業を雇おうという計画は振り出しに戻ってしまった。

「何とかしなければ」

パニッチ首相のあせりは、極限に達していた。

そのとき、アメリカの三大ネットワークの一つからある提案がもたらされた。

話を持ってきたのは、ABCを代表する大物政治記者、サム・ドナルドソンだった。それは、パニッチ首相がベオグラードから空路サラエボを電撃訪問し、ボスニア・ヘルツェゴビナ政府のイゼトベゴビッチ大統領とトップ会談を行い、その一部始終をABCが密着取材する、というア

イディアだった。

この件に関し、私はＡＢＣのドナルドソン記者に、何回も取材を申し入れたが、許可は出なかった。パニッチ首相の証言に加え、サラエボに同行した秘書官デビッド・カレフやそのほかの証言もあり、このアイディアがセルビア側の発案だったのではなくＡＢＣからもたらされたことは間違いない。ドナルドソン記者がベオグラードからパニッチ首相に付き添うように飛行機に乗り込み、機内で話し込んでサラエボ空港に到着するまでの映像も残されているのだ。


ニュースやドキュメンタリー番組の取材における「やらせ」とは何か、という問題は、私のようにテレビでノンフィクションの番組をつくる人間であれば常に意識する問題だ。

取材対象と何の打ち合わせもなくひたすら機会を待つだけで番組ができることなどありえない。テレビ番組の制作が、カメラマンや照明スタッフ、編集スタッフ、効果音の専門家など多くの人材、さらにカメラや照明などの機材、そして資金があってはじめて可能になる以上、取材期間を無限にとることはできない。その限られた時間の中で、取材対象の考えていること、感じていること、していること、つまり取材対象の「本質」がわかりやすい形で映像化できる「事件」が起きることが、インパクトのあるドキュメンタリーを撮るために必須なのだ。そういう「事件」をカメラに収めることができるよう、さまざまな手段を使って取り計らうことができるということが有能なディレクターの必要条件だと言える。

ただし、もともと取材対象の中にはなかった考えや思いや行動を、ディレクターが「こういうことだろう」と勝手に想像し、その映像化を取材対象に強要することは許されない。それが「やらせ」である。単に取材対象と話し合い、撮影がなければ起きていなかった出来事をカメラに収めることだけをもって「やらせ」ということは誤りである。

だが実際の番組制作の現場では「やらせ」かどうかの境界線はしばしば、いや頻繁にあいまいになる。取材対象に食いこめば食いこむほど、相手はこちらの意図を言葉にしなくても感じ取り、期待にこたえるような行動をとることも多い。人間関係や利害関係が深まって、思いのままに相手をコントロールできるようになることもある。その結果、番組が完成し、放送が終わって、果たしてこれでよかったのか、自問と反省を重ねながら日々を過ごす、ということも時にはある。

それでは、パニッチ首相に電撃訪問のアイディアを吹き込むことは、「やらせ」だろうか?

サラエボへの電撃訪問という考えには伏線があった。この年の六月末、フランスのミッテラン大統領が、西側首脳の訪問など危険が大きく不可能だと誰もが思っていたサラエボを突如訪問し、世界を驚かせた。ミッテラン大統領はクロアチアの首都ザグレブからヘリコプターに乗り込み、ライフルを構える民兵が取り囲むサラエボ空港に着陸した。空港は以前は国連部隊が管理していたが、この時点では危険が大きすぎるとして撤退しており、セルビア人民兵が支配していた。到着後すぐに市内へ向かったミッテランは、滞在時間六時間の間に紛争当事者の双方と会談し、その結果、セルビア人勢力はサラエボ空港から撤退することになった。それは各国の人道援助物資の空輸が可能になることを意味し、ただちに再開された空輸で運ばれた物資によって飢えるサラエボ市民が救われるという一大成果をあげた。

帰国のときがさらにスリリングだった。ミッテラン大統領が再びサラエボ空港に現れると、にわかに銃撃戦がおき、大統領を運ぶヘリコプターが被弾した。大統領は防弾チョッキに身を固め、応急処理が施されたヘリコプターで帰途についた。その映像は世界を駆け巡り、大統領の勇気と行動力は賞賛の的となった。

それから一ヵ月半。「電撃訪問」を提案したドナルドソン記者の頭にも、それを聞いたパニッチ首相の頭にもこのミッテラン大統領の電撃訪問のことはあっただろう。パニッチ首相の場合、第三国ではなく、ボスニア・ヘルツェゴビナ政府と今まさに戦争をしているセルビア人の本拠地ベオグラードからやってくるのだ。「平和の使者」としてパニッチは賞賛され、密着取材をしたABCは大スクープを得ることになる。

じつは、パニッチ首相は就任直後の七月中旬、すでに一度サラエボを訪問しイゼトベゴビッチ大統領と会っていた。それを考えれば、一ヵ月もたっていない今またサラエボ訪問を行う緊急の必要はない、という意見もあった。

だが、説得を重ねるドナルドソン記者の熱意の前に、パニッチ首相はOKを出した。アメリカテレビニュース界の超大物ドナルドソン記者とこんな連携がとれるのは、パニッチだからこそのことだった。他のどのセルビア人にもできることではない。

さらに言えば、前回七月のサラエボ訪問は、PRがうまくいかずメディアの注目度が低かった。今回、ABCのクルーを引き連れて取材させれば、大金をかけて人や物を投入する以上、費用対効果を考えて分厚い報道が行われるに違いない。さらにABCが報道すれば、競争関係にあるほかのネットワークもとりあげざるを得ない。「強制収容所」報道が引き起こした窮地を救うにはうってつけのアイディアのように思えた。

「その時、私は平和のための努力という話なら、どんなことにでも同意しようという気持ちになっていました。サラエボはジャーナリストたちであふれていました。そのサラエボに、ドナルドソン記者と同行して乗り込み平和のための大仕事をする、という状況が重要だったのです。なにしろドナルドソン記者の影響力は抜きん出ていますからね」

パニッチ首相は、そう語っている。

ドナルドソン記者は、一九七七年から八九年までホワイトハウス担当の記者として、毎晩のように看板ニュースショー『ワールドニュース・トゥナイト』に登場し、ホワイトハウス前から独自取材の成果をリポートした。カーター大統領以来すべての大統領にインタビューしたという実績、明快な語り口と、『スタートレック』のミスター・スポックを恰幅《かっぷく》よくさせたような印象的な風貌《ふうぼう》とで、アメリカの視聴者で知らぬものはいない存在だった。そして八九年からは、ABCニュースが社運をかけて立ち上げた報道番組『プライムタイムライブ』のキャスターになっていた。ひとことで言って、アメリカテレビ報道界の一大成功者である。

ベオグラード空港に、パニッチ首相の小型ジェット機が用意された。後部タラップがおろされ、ドナルドソン記者とパニッチが並んで乗り込んだ。そのスロープになっている乗り込み口で、パニッチ首相は足元の段差につまずき、ずるっと大きくすべった。密着同行取材を行うABCのカメラは、そのときのパニッチ首相の驚いたような表情から始まる一部始終を撮影している。他に、ABCの報道プロデューサー、デビッド・カプランとカメラマン、パニッチの秘書官デビッド・カレフ、情報相のペリシッチなどが乗り込み、狭い機内はほぼ満席だった。

ベオグラードとサラエボの距離はおよそ二百キロ。飛行機では離陸したらすぐに着陸態勢に入るという距離である。

飛行中、パニッチ首相の警備担当者がメモを持ってきた。そこには、

「パニッチ首相を暗殺する計画があるという情報が入りました。決行時間は到着後の午後二時。同行のドナルドソン記者も狙われています」

とあった。

パニッチ首相はこのメモをドナルドソン記者に見せた。機内に緊張が走った。

「警護には万全を期しますので、大丈夫です。私たちに任せてください。私たちの指示に従っていただき、取り乱した行動さえしなければ問題はありません」

戦争を知らない二人のアメリカ人を前に、戦いのことなら慣れているといわんばかりの自信で警備担当者は言った。

サラエボ空港では、駐留していた国連部隊が、滑走路まで装甲車を手配することになっていた。幸い、敵の計画は事前に察知している。飛行機から装甲車に乗り移る瞬間に狙撃されないよう気をつければ、まず大丈夫と思われた。

ほどなく、小型ジェットはサラエボ空港に着陸した。

UN（国連）と書かれた装甲車が横付けにされた。そこで一つの計算違いが発生した。装甲車の台数が予定より少なかったのだ。そのため、現れた二台の装甲車に全員が乗車することはできなかった。前の日に激しい戦闘があり、国連の装甲車も被害を受け、このとき出せる精一杯の数が二台だと言うのだ。カメラに向かって手を振る得意のポーズをとる暇もなく、警備担

当者の人垣に囲まれ、押し込まれるようにパニッチ首相、そしてドナルドソン記者が装甲車に乗り込んだ。二台の装甲車が出発したあと、機内には、プロデューサーのカプランとカメラマン、そしてカレフ秘書官など数人が残された。

「これじゃあ、パニッチとドナルドソンがサラエボに乗り込むところを撮れないじゃないか」

ABCのスタッフがカレフに言った。

このままパニッチとドナルドソンがボスニア・ヘルツェゴビナ大統領府に直行してしまい、イゼトベゴビッチ大統領と握手、そして会談、という場面を撮りそこなったら大変な失態だ。

そのとき、少し離れたところにフォルクスワーゲンの古ぼけたバンが止まっているのが見えた。

「あれをチャーターしよう」

本当は、装甲車がピストン輸送のため帰ってくるのを待つべきだったのだ。狙撃手が一行を待ち構えているという警告もあった。チャーターしたバンには防弾設備はなく、薄いドアやガラスが銃撃に対し無力なことは一目瞭然《いちもくりょうぜん》だ。だが、ABCのスタッフの頭の中には、銃弾への恐怖ではなく、映像を撮りのがすことへの恐怖しかなかった。

けれども、私はそのときのABCスタッフを愚かだと言うことはできない。こうした場合、自分の身に対する危険など頭の中から消えてしまうものなのである。私は、一九九七年、ペルーのリマで起きた日本大使公邸占拠事件の最終局面でペルー政府の特殊部隊が公邸に強行突入したとき、公邸近くの中継ポイントに急行するため、警備の兵士の制止を無視して立ち入り禁止ラインを突破した経験がある。公邸から聞こえてくる銃声と爆発音が連続して鳴り響く中、銃を構え、引き返すようにと私に叫ぶ兵士の目は血走り、冷静さを失っていた。何が起きても不思議はない興奮状態だった。しかし、そのときは身の安全を考えるより、四ヵ月あまりにわたった事件の、突入による解決という最も重要な最後の瞬間に現場に到達できなかったらどうするのか、という気持ちのほうが完全に優っていた。

チャーターしたバンのボディに、その場でABCのスタッフが「TV」という文字の形にガムテープを貼って即席の報道車にしたてあげ、カプランやスタッフ、そしてカレフが乗り込んで出発した。

空港を出てほどなくして、一発の銃声が響いた。

「車は時速三十マイル（四十八キロ）ほどのスピードで走っていたと思います。カプラン氏は私の隣に座っていました。その瞬間、全員が恐怖のあまりパニックに陥りました。どうしてよいかわかりませんでしたが、とにかく私は床に伏せました。さらに撃ってくるかもしれないと思ったのです。でも銃声は一発だけでした。ふと隣を見ると、カプラン氏が血だらけになっていました。『空港へ引き返せ！』と私は運転手に叫びました。運転手は『空港には何の設備もない。市内の病院に向かったほうがいい！』と言ってバンは町の中心部に向かいました。病院までの時間はそんなに長くなかったはずです。十数分だったでしょう。しかし、私たちには永遠のように長く感じました。その間も血がどんどん流れていました。ようやく病院に到着し、救命医が彼をすぐに手術室に運んでいきました。しかし彼は助かりませんでした」

これが、そのときの状況を語るカレフの証言である。

銃弾はバンに貼ったガムテープの「T」と「V」のちょうど真ん中を撃ち抜いていた。

サラエボでは、毎日数多くの一般市民の命が狙撃手の銃弾によって奪われていた。それを考えればカプランの死も、日常の出来事の一つだった、と言うべきかもしれない。だが、国際世論への影響という意味で、つい数日前まで平穏で快適な生活をおくっていたアメリカ人がサラエボの病院で死んだことの重さは、無名のサラエボ市民の死とは違っていた。非情なことだが、それが国際政治とPRの世界の冷たい現実だった。

カプランが撃たれたことは、すぐにパニッチ首相とドナルドソン記者に伝えられた。すべての予定を棚上げにして、二人はカプランが収容された病院に向かった。現場を目撃したカレフは、病院で合流した二人に銃撃の模様を説明した。パニッチも、ドナルドソン記者も顔面蒼白《そうはく》になった。ドナルドソン記者は、すぐにカメラの前に立ち、同行した仲間のプロデューサーが撃たれ、手術中である、というリポートを収録した。その映像を見ると、ドナルドソン記者の表情は、いつもの傲慢《ごうまん》なまでに自信のあふれたものとは違っている。動揺がそのまま画面に出ていた。

パニッチ首相の周りには、サラエボにいる西側の記者が集まり、輪になって質問を浴びせていた。その多くが、カプラン銃撃の犯人はセルビア人ではないのか、というものだった。

パニッチ首相はその質問に対し、冷静に答えることができなかった。

カプランの死が確認されたあと、パニッチ首相はイゼトベゴビッチ大統領との首脳会談をキャンセルした。

「カプラン氏は、私たちのチームの一員と言ってよい存在でした。つまり私のサラエボ訪問団のメンバーが射殺されてしまったのです。私は、首脳会談の中止を決めるしかありませんでした」

この電撃訪問は、実質的にABCとパニッチ首相との共同イベントだった。その主体であるA

BCプロデューサーの殺害という事態を前にして、パニッチ首相は、なお訪問の日程を消化し続けることはできなかったのだ。

この事件はアメリカで大々的に報道された。セルビア人犯行説を有力とする論調が多かった。ドナルドソンの番組『プライムタイム・ライブ』さえも、そういう見方を紹介した。

ペリシッチ情報相は振り返る。

「西側のメディアは何かあると、全部セルビア人のせいにしました。彼らは〝悪者〟を作るのが好きなのです。そしていったん〝悪者〟ができると、その〝悪業〟を、ろくな検証もせずに書きたてて、ニュースとして報道するのです。民主主義の原則である〝推定無罪〟はセルビア人にはいっさい適用されませんでした」

このときの犯人が誰であるかは、今もって明らかではない。

モスレム人が、セルビア人であるパニッチ首相の命を狙う、というのは動機としてはわかりやすい。しかし、モスレム人に理解を示す発言が目立ったパニッチを過激なセルビア人民兵が狙う、というのも十分にありえる話だった。

狙撃が紛争当事者のどちらかの側によるものだったとしても、その一発の銃弾がパニッチ首相の「逆転の一策」を根底から破壊したことに変わりはない。「平和の使者」としてサラエボに乗り込むパニッチ首相の姿を伝えるはずだったABCのカメラは、非人道的なセルビア人がアメリカ市民を殺害したというニュースを伝えることになったのである。

『ワシントン・ポスト』紙は、

「自分を〝平和をもたらす男〟として描こうとしたパニッチ首相のたくらみが、カプランの死をもたらした。パニッチ首相は、安全な移動手段を提供するべきだったのに、それを怠った」と手厳しく非難している。

それはパニッチ首相を助けるPRのプロがいない、ということに本質的な原因がある失策だった。もし、ルーダー・フィン社がこのサラエボ訪問を仕切っていたら、カプランやABCクルーを危険にさらすことは絶対にしなかっただろう。装甲車の数が足りなくても、カメラマン一人だけはなんとかパニッチ首相とドナルドソン記者に同行させるか、あるいは一人分しか席がないのなら、ドナルドソン記者をおろしてでもカメラマンを同行させるよう進言しただろう。首相とドナルドソン記者が先に行ってしまい撮影スタッフが残されれば、危険を顧みないで追いつこうとするのはプロから見れば当然予測できる事態である。臨機応変に現場を仕切れる専門家がいなかったことが、取り返しのつかない結果を招いた。

パニッチ首相のサラエボ訪問が失敗したことを聞いたハーフは、気を緩めることはなかった。このころ、ハーフの目の前に、ある一人の目障りな男があらわれていたからだ。その重要人物は、最近サラエボからアメリカ大陸に帰ってきて「強制収容所など存在しない」という発言を繰り返しており、困ったことにメディアの注目を浴び始めていた。

味方のPR戦略に敵対する人物は早期に取り除かなくてはならない。

ハーフの頭の中には、この男を始末する計略が形を表しつつあった。

第十二章　邪魔者の除去

今はカナダ・トロント郊外で引退生活を送る、
国連防護軍サラエボ司令官・マッケンジー将軍

ABCのプロデューサー、カプランがサラエボで命を落とす八日前、カナダの首都、オタワ空港に一人の軍人が到着した。

颯爽《さっそう》とタラップを降りるルイス・マッケンジー将軍はそのとき五十二歳だったが、年齢よりはるかに若く見え、その容貌《ようぼう》には華があった。ブルーのベレー帽は、将軍が国連防護軍サラエボ司令官の任務を終えて帰国したことのあかしだった。ゲートには数多くの市民が駆けつけ、将軍を迎えた。地元のラジオ局は、二千人の聴取者が「おかえりなさい」というメッセージを書き連ねた巨大なカードを用意して将軍に手渡した。渦巻く歓迎の声に、五ヵ月ぶりの再会となった妻とともに手を振ってこたえる。世界の注目を集める戦火のサラエボで、カナダ軍の名声を高めた英雄としての凱旋《がいせん》。将軍のキャリアが絶頂を迎えた瞬間だった。

だが、ワシントンにいるハーフの見方は違った。

「彼は、一つの〝障害物〟でした。こういう問題が出てきたときは、それがどんな種類のものであれ、見逃すことなく速やかに対処することが大切です」

ハーフのターゲットとなったマッケンジー将軍は、この名誉ある帰国の後、数日を経ずして国際的な糾弾の嵐にさらされるようになった。それは、ハーフのようなPRのプロの〝障害物〟となることが、いかに危険なことかを物語っている。

では、なぜカナダの国民的英雄マッケンジー将軍が、ハーフに狙われることになったのだろうか？

マッケンジー将軍は、ユーゴスラビア連邦のパニッチ首相とは違い、自らの意思でPR戦争に参加したわけではなかった。巻きこまれたのだ。

サラエボの任務につく以前から、将軍はその軍歴の大半を世界各地の国連平和維持活動にささげてきた。日本と同様に安全保障をアメリカに依存するカナダの軍隊は、国連での活動を重視している。その中でもマッケンジー将軍は、中東パレスチナのガザ地区や、民族対立の続くキプロス、中米のニカラグアなど、生命の危険を伴う活動も含め、世界八ヵ所で平和維持活動に参加するというずば抜けた実績を持っていた。

将軍は、この年三月初めにサラエボに入り、激化した戦闘を避けていったんクロアチアに移動していた。そして六月末、フランスのミッテラン大統領が電撃訪問を成功させた直後、サラエボにカナダ軍部隊を率いて再び乗り込んだ。セルビア人勢力から国連に明け渡されたサラエボ空港を「占領」するためである。このときのニュース映像には、国連部隊に所属することを示す真っ白なペイントの装甲車を連ねて空港に到着し、整列した部下が国連旗を掲揚するのを敬礼して見守るマッケンジー将軍の姿が映し出されている。その姿は、無秩序状態となったサラエボに、一条の光を投げかける正義の味方そのものだった。

サラエボの中でも空港の周囲は最も戦闘の激しい場所で、滑走路の脇に設営したカナダ部隊のテントは幾たびとなく砲撃や銃撃を受け、部下が何人も負傷した。パトロールに出た隊員が拉致《らち》監禁されるという事件も何回もおきた。そのたびにマッケンジー将軍は昼夜を問わず現場に駆けつけ、民兵のリーダーと交渉して部下を救い出した。そうした努力の末に安全を確保したサラエボ空港には、毎日およそ二十機の輸送機が二百トンの援助物資を積んで飛来し、包囲された三十八万人のサラエボ市民が餓死することを防いでいた。

後にメディアから受けた攻撃を考えると信じがたいことだが、サラエボでのマッケンジー将軍は西側の記者に人気が高かった。テレビカメラにも頻繁にとらえられ、六月、七月のサラエボ関連の資料映像を検索すると、将軍の映像が数多くヒットする。人気の理由は、将軍が酒をのみながら本音で語り合うことを厭《いと》わないきさくな人柄で、記者たちをいつも大切にしたからだ。

のちに将軍非難の先頭にたった『ニューズデイ』紙のガットマン記者も、

「彼は性格的には好感のもてる人間だった。こちらから取材の電話をかけて不在だったときは、必ず電話を返してくる律儀な性格だったしね」

と言っている。

人柄だけでなく、将軍には記者やカメラマンを喜ばせる才能がそなわっていた。将軍が乗った装甲車の車列が、地元住民の車と交差点で出くわして止まったことがある。たまたまそこには西側の報道陣がいた。将軍は装甲車から飛び出すと、みずから交通整理の警官のように手信号でジェスチャーをとり、手際よく交通整理をした。カメラマンたちはこの絶好の被写体をのがすまいと、競うようにシャッターを押した。司令部での連日の記者会見でも、野外で立ち止まってするインタビューでも、常にメディアが喜ぶような対応をした将軍は、サラエボに暮らす西側記者にとってなくてはならない存在になっていた。

メディアをさばき、味方につけるための素養を、三つの段階に分けて分類することができるだろう。最も悪いのは、メディア側の人間の心理を理解しようとしないタイプである。普段は注目を浴びることができず、スポットライトが当たるときは、いつも否定的な形になる。そして「マスコミはよいことをしても見向きもせず、あら捜しだけをする」などと言う。日本の政治家や官僚の多くがこれにあたるであろう。

　次は、本能的にメディアを喜ばせるものの言い方や、行動のとり方を心得ている、というタイプだ。この分類にあたる人は、場合によってメディアの寵児《ちょうじ》となり、大きなPRの効果をあげることができる。サラエボでのマッケンジー将軍がそうだし、調子のよいときの田中真紀子前外相もそうだろう。だが、このタイプも緻密《ちみつ》なPR戦略を立案実行している、というわけではなく勘で動いているだけなので、いったん歯車が狂うと修正がきかない。都合の悪い質問にノーコメントを繰り返す田中真紀子がその好例であり、帰国後のマッケンジー将軍がまさにそうだった。

　三番目は、センスにもすぐれているうえ、戦略的なPRの思考もできるタイプだ。政治や経済の分野で指導的な立場に立ち、なおかつこのグループに属するのは難しい。本格的なPR戦略の立案には、情報収集の訓練や専門的技能の習得など、時間とエネルギーがかかる。それを才能でカバーできた、と言えるのはヒトラーくらいのものかもしれない。ボスニア政府のシライジッチ外相も優れたセンスの持ち主だが、この三分類で言えば二番目に入るだろう。自分がヒトラーではない、と思ったらやはりハーフのような人間の助けが必要になってくる。

　すでに七月にはハーフのもとに、サラエボにいるカナダ人の国連部隊指揮官がボスニア・ヘルツェゴビナ政府にとって不利益な発言をしている、という情報が入っていた。

「悪いのはセルビア人だけではない、戦っているすべての勢力に問題がある」

　と繰り返し発言している、というのである。

　ハーフはワシントンから、サラエボ発のニュースや情報をあらゆるルートでモニターしていた。ハーフは言う。

「当時はインターネットはまだ普及していなかったので大変でした。文字通り毎日二十四時間の努力が必要でした。新聞、通信社はもちろん、アメリカにいるクロアチア人や、サラエボ出身のモスレム人の団体、コソボ出身のアルバニア人の団体など、あらゆるつてを頼って情報を送ってもらいました」

ハーフは、反セルビアの立場をとる各民族の在米団体の間にネットワークを築いていた。このときバルカンでセルビア人と戦闘状態にあった諸民族はもちろん、その後一九九九年に紛争が起きることになるコソボ自治州のアルバニア人の団体にもこのときから目をつけていた。ハーフはこうした団体に、自分のもとに入ってきた情報を知らせた。その見かえりに、彼らも自分たちのネットワークを通じて現地から入った情報をハーフのもとに送ってきたのだ。

問題のカナダ人指揮官、マッケンジー将軍がサラエボにいるあいだ、ハーフは特別の対処をしなかった。

サラエボ発のニュースは市民が死傷する衝撃的な映像や記事で連日満ちあふれていた。その中でマッケンジー将軍の発言は断片的にしか伝えられず、ホワイトハウスや議員たちの注目を引く恐れは少なかった。マッケンジー対策の優先順位はまだ低い。ハーフは、将軍をしばらく「泳がせて」いた。

将軍はサラエボで、同じ主旨の発言を続けた。セルビア人とモスレム人のどちらにも与《くみ》しない、中立的な発言をすることに、自分のキャリアに重大な影響を及ぼすほどの大きいリスクがあることに気がつかなかった。

「セルビア人だけでなく、紛争当事者の双方が悪い」というのは、将軍にしてみれば実感そのものだったろう。もともと、国連部隊が「中立」をむねとし、その任務は、紛争に介入することではなく、監視することだったということもある。

「私は中立であることにこだわりました。中立を捨てるのは簡単なことですよ。でもそれは、勝利のために人を殺す、ということです。それを唯一の目的にすることなんですよ」

と、マッケンジー将軍は述べている。

じっさい、マッケンジー将軍のもとに寄せられる「セルビア人の残虐行為」の情報の中には、根拠のない、荒唐無稽《こうとうむけい》なものも多かった。

たとえば、セルビア人支配地域にある動物園のライオンの檻《おり》には、モスレム人の赤ちゃんが餌《えさ》として投げ込まれている、という話が真面目に語られ、西側の有力新聞にも掲載された。

律儀なマッケンジー将軍は、この話の真偽を確かめるためその動物園に出向いて調査した。

「うれしいことに、赤ちゃんの姿はなく、餌がなくて飢え死に寸前のライオンがいましたよ」

噂はまったくのデマだった。

それだけでなく、紛争当事者の双方がもっと卑劣な手を使っていたことをマッケンジー将軍は見聞きしていた。

「たとえば、敵を砲撃するとき、迫撃砲をわざと病院の脇に設置するのです。こちらが撃てば当然敵が反撃してきて、味方の迫撃砲陣地を狙った砲弾がとなりにある病院の小児科病棟にも落ちます。それがサラエボにたくさんいた記者たちの手で報道されて世界の母親たちが同情する、というわけです。国際世論をひきつけるために、自分の国民を犠牲にするやり方ですよ」

と、マッケンジー将軍は証言している。この「意図的に自分の側の民族を傷つけた」という指摘について、ボスニア・ヘルツェゴビナ政府は今も否定している。だが、当時のEC和平特使だったキャリントン元イギリス外相は、今回の取材で、

「ボスニア政府は、きわめて容赦のない方法を使った。その証拠もある」

という言い方でそのような行為があったことを強く示唆し、またマッケンジー将軍の後にサラエボにやってきたアメリカ軍のチャールズ・ボイド将軍はその論文で、モスレム人勢力が自らの民族を狙撃したり砲撃したりした、と主張している。マッケンジー将軍もそうしたことがあったと当時から考え、発言していた。

大半をモスレム人が占めるサラエボ市民の間で、マッケンジー将軍の発言は不興をかった。サラエボ市民にとって、悪いのは無条件かつ一方的にセルビア人に決まっていた。ボスニア・ヘルツェゴビナ政府は露骨に不快感を示し、市民一人一人もマッケンジー将軍を非難した。将軍がサラエボ市内でジープを走らせると、街を歩く子供さえ、親指を突き立てる、西洋人にとってきわめて侮辱的なサインをしてみせる有様だった。

憎悪と不信が渦巻く紛争地帯において、「中立」であろうとするのは危険なことだ。「われわれの味方でなければお前は敵だ」というのが、ボスニア・ヘルツェゴビナで戦うすべての者たちのメンタリティだった。その中で「中立」を保とうとする国連平和維持部隊は、双方から敵とみなされる。マッケンジー将軍も、その危険は十分に承知していたが、部下の命を危険にさらす辛さとストレスがその肩にのしかかっていた。

「命をかけて市民の食料空輸を確保しているのに、誰もありがとうとも言わないのか」

将軍は、募る欲求不満を解消するためであるかのように西側記者の前でさらに「中立的発言」

を繰り返した。

「モスレム人も、セルビア人も両方とも憎悪の感情で頭がいっぱいで、どうにもならない」

「国連部隊は、ボスニア・ヘルツェゴビナなどにいるより、ソマリアに派遣して飢えた人々を救ったほうがよい。そのほうが有効な金の使い方だ」

と、思ったことをそのまま口にした。

ニューヨークの国連本部の官僚たちはこうした発言に眉《まゆ》をひそめ、時に将軍に、メディアに言いたい放題発言することをやめるよう忠告するファクスを送った。しかし、サラエボの記者たちは将軍の本音の言葉を歓迎し、マッケンジー将軍は発言を続けた。

事態が変わったのは、八月初頭だった。新たにサラエボ入りするフランス、エジプト、ウクライナの部隊とカナダ軍部隊が交代し、マッケンジー将軍も任務を終えて帰国することになった。ここで、一つの不運がマッケンジー将軍を襲った。

同じころ、つまり八月の最初の週、「強制収容所」のストーリーがブレイクした。西側メディアはこの話題でもちきりとなった。マッケンジー将軍は、ちょうどそのさなかに現地サラエボからアメリカ大陸に帰ってくる英語を母国語とする国連部隊指揮官、という立場におかれた。それは偶然にできあがったシチュエーションで、将軍は自分の立場に対応する準備ができていなかった。

マッケンジー将軍はカナダへ帰国する途上、ニューヨークの国連本部に立ち寄り、国連の幹部たちへの報告と挨拶《あいさつ》をすませた後、本部ビルの会見場で記者会見にのぞんだ。間髪を入れずに投げかけられる質問はマッケンジー将軍の予想したものとは違っていた。

「私は、包囲されたサラエボでの日々がどういうものだったか、と聞かれると思っていました。ところが記者たちは、自分が何も知らない強制収容所のことばかり聞いてきたのです」

将軍は、そのときのとまどいについてそう話している。

記者が質問した。

「あなたは強制収容所について何を知っていたのですか？」

マッケンジー将軍は、記者の語気の強さに、一瞬驚きの表情を浮かべてから答えた。

「何ひとつ知りません。私が知っているのは、モスレム人とセルビア人の双方が、相手の側にこそ、そういう収容所があると言って互いに非難している、ということだけです」

記者は納得せず、食い下がった。

「今日の午後、安全保障理事会が強制収容所について検討する会議を開きますよね。あなたは、何か特別の情報や秘密を握っていて、証言するつもりではないのですか？」

将軍は、繰り返し否定した。

「そんなことはぜんぜんないんですよ。私たちには強制収容所について調査する義務も能力もありませんでしたからね。私たちの任務はサラエボ空港を守り、援助物資を受け入れられるようにすることです。たしかに私たちはサラエボで国際機関の旗を掲げる唯一の組織でしたから、戦っていた両方の勢力が私に訴えてきましたよ。『相手方は、強制収容所をボスニア中に設置している』と。しかし、私にその真偽を判断しろと言われてもできない相談です」

ハーフにとって、これは見逃せない発言だった。

マッケンジー将軍は、強制収容所はない、と言ったわけではなかった。自分はサラエボにいたので、ボスニア・ヘルツェゴビナの各地にあるという収容所については知らない、と言ったのだ。しかし、メディアはそのように受け取らなかった。千数百人の兵士とともに駐屯し、百両近くの装甲車で毎日パトロールして、セルビア人側の司令部とボスニア大統領府の間を何度も往復し交渉するマッケンジー将軍の映像を、アメリカの記者たちはニュースで見ていた。そのマッケンジー将軍が、「何も知らない」と断言することは、強制収容所の存在の否定を示唆したもの、と受け取られても仕方がなかった。

さらに、ハーフはこのころ「ボスニアファクス通信」を使って、ボスニア政府作成の「強制収容所リスト」を懸命にワシントンに広めていた。リストには、まさにマッケンジー将軍が司令部をおいていたサラエボ空港の滑走路脇、という場所もあげられていた。マッケンジー将軍が何も知らない、ということはこのリストの信用性を大いに損なった。パニッチ首相らセルビア人側の、「強制収容所」はでっちあげだ、というPRに格好の材料を提供しかねなかった。

マッケンジー将軍は、ニューヨークに二日半滞在し、その間にアメリカの主要メディアに次々と出演した。国連での会見の翌日には、CNNの『ラリー・キング・ライブ』、夜にはABCの『ナイトライン』、その翌朝にはCBSの『ディス・モーニング』。いずれもアメリカのテレビを代表する報道番組で、ハーフがこれまで苦労を重ねてシライジッチを出演させようと図ってきた番組ばかりだ。すべてライブの番組で、これまでサラエボにいたマッケンジー将軍の発言が数秒間のサウンドバイトで断片的に伝えられてきたのとは、インパクトが違っていた。マッケンジー将軍はそれぞれの番組で数分から十分以上の長い時間を与えられ、生来の饒舌《じょうぜつ》を発揮して「収容所については、何も知らない、情報がない、見ていない」と繰り返した。

わずか数日という短い期間に、さまざまなメディアに露出して同じ発言を繰り返すのは、一つのアイディアを浸透させるためには最も効果的な方法である。「強制収容所」が欧米の主要メディアのメジャーイシュー（主要な話題）となりつつある今、それに水をかけるマッケンジー将軍の存在は許しがたいものとなった。

シライジッチ外相は、以前から何らかの形でマッケンジー将軍に抗議したいと主張していた。ハーフは、今こそ実行に移すべきだと考え、どういう方法をとるかシライジッチ外相と話し合った。単純にシライジッチ外相やイゼトベゴビッチ大統領からマッケンジー将軍に抗議をしても、効果はうすいと思われた。以前から現地サラエボでは、ボスニア・ヘルツェゴビナ政府と将軍の間に対立があり、さまざまな形で不快感を伝えていたのだ。それでも将軍の態度は変わらなかったのである。

結論は、マッケンジー将軍に直接言うのではなく、将軍の母国カナダの外務大臣に抗議の書簡を書くことだった。本人ではなく、その上司に文句を言うようなものだが、この場合はリスクもあった。当時のカナダの女性外相、バーバラ・マクドゥガルは、それまでボスニア・ヘルツェゴビナの国際社会における心強い味方だった。他国の首脳や閣僚に先駆けてセルビア人を激しく非難し、モスレム人を支持する発言を繰り返していた。

七月はじめには、セルビア人をナチスになぞらえて、

「世界はナチスの虐殺を再び目にしている。同じような恐怖を連日目撃している。人種差別主義がはびこるのをこのまま座視していてよいのか？」

と発言している。そのマクドゥガル外相への手紙が万一逆効果となって、カナダをセルビア側に押しやることになったら大きな損失だ。マッケンジー将軍がカナダの誇る英雄的軍人になっていたことを考えると、手紙の文面は慎重に書かなければならなかった。

「私が草稿を書きます。問題があったら、直してください」

ハーフはシライジッチに言った。

マッケンジー将軍は、ニューヨークからカナダに帰り大歓迎を受けたあとも、これまでと同様の発言を繰り返していた。

そのすべてを細大漏らさずモニターし、記録にとりながら、ハーフは慎重に手紙の文案を練り、シライジッチ外相の許可を得てからマクドゥガル外相に正式な外交文書として発送した。

一九九二年八月十日付け、A4判二枚の書簡のコピーからは、ハーフの熟慮のあとが見て取れる。

まず冒頭から、

「わが国政府は大いなる侮辱をカナダ軍人マッケンジー将軍の言葉から感じています」

と強い表現で始め、この書簡を送るにいたった決意を表明している。そして、

「われわれは将軍の発言が、カナダ政府の公式の外交政策を代表するものではないと信じます」

と続けている。マッケンジー将軍の言葉は、マクドゥガル外相のこれまでのセルビア非難の発言とは大いに異なっているのだ。これは外交政策の矛盾ではないか、という指摘である。野党がこの矛盾を政治的に利用すれば、外相の立場を危うくしかねない指摘だ。

そこから先が、ハーフの独壇場だった。マッケンジー将軍の世界中さまざまなメディアに対す

る発言の中から、とくに問題点があるものを選び出し、日付、メディア名、具体的な発言内容を列挙してその一つ一つに反論を加えていた。

まず国連本部での最初の記者会見の、

「強制収容所については何も知らない」

という発言には、

「将軍自身が司令部を置いたサラエボ空港の滑走路脇にも強制収容所があるのに、これはいったいどうしたことなのか」

と指摘し、八月六日、『ニューズデイ』紙への、

「ボスニア・ヘルツェゴビナ政府は和平会議でセルビア側と話すことを拒否している」

という発言には、

「実際には会議に出席している」

と反論している。九日に、カナダのテレビ局CBCで、

「ボスニア・ヘルツェゴビナには二つの政府が存在している」

と言ったことに対しては、

「国民投票によって選ばれたのは現在のボスニア・ヘルツェゴビナ政府だけである」

といった具合に新聞、通信社、テレビにおける六つの個別の発言を取り上げ、逐一矛盾点や事実認識の誤りを指摘していた。

それは、世界各地の数限りないメディアでのマッケンジー発言を把握していなければできない芸当だった。これを読んだマクドゥガル外相は、シライジッチ外相の情報収集力に驚くととも

に、その説得力を認めざるを得なかっただろう。

そして最後に、

「あなたは七月九日、勇気あふれる力強い言葉でボスニア・ヘルツェゴビナを支持してくれました。ですから、わが国政府はあなたがマッケンジー将軍と意見を共有していないと信じています。あなたに感謝しているからこそ、マッケンジー将軍の言葉への懸念を伝えたいのです」

と結んだ。

マクドゥガル外相がこれまで味方になってくれていたことを忘れていない、と賛辞を伝えながら、同時にマッケンジー将軍を何とかしろ、と迫っていた。

完璧な外交文書だった。

ハーフは、手紙がマクドゥガル外相のもとに届いたことを確認すると、すぐに内容の要旨をまとめ、「緊急発表」と題したプレスリリースでメディアに知らせることを忘れなかった。カナダ外相への抗議の書簡、というニュースのネタを自らつくり、話題として提供する。そのタイミングも周到に選ばれていた。マッケンジー将軍は、翌十一日、再びアメリカを訪れ、連邦議会上院の公聴会で証言することになっていた。証人席のマッケンジー将軍にプレッシャーをかけるため、またその証言の信頼性に疑問を投げかけるために、この日は最も都合がよかった。

「私たちにできるクライアントへの貢献の中で、最も重要なのは、何か悪い事態が起きたとき、即座に反論し、逆によい情報を広めることです。タイミングを逃してしまえば、同じことを言ってもまったく効果がないこともあります。マッケンジー将軍のケースでは、ベストのタイミングで対応し、すぐに味方に有利な勢いを作り出すことができました」

と、ハーフは「危機管理」のPRにおいて何が大切かを語る。

翌日、上院で行われた公聴会では、議員たちが、同盟国カナダの将軍に対するものとは思えない詰問調の質問をぶつけた。

「あなたは、セルビアが設置した強制収容所を本当に見なかったのか」

と、同じことを複数の議員がしつこく聞いた。

「一度も見ていません」

マッケンジー将軍は、そのたびに答えた。

「収容所についての報道や訴えを読んでいたのなら、たとえば国連部隊の軍事力を使って赤十字の査察をバックアップすることは考えなかったのか？」

「はい、それはたしかにそうですが、答えはイエスですが、しかしそれをしようと思ったら全体状況を斟酌《しんしゃく》しないといけません」

マッケンジー将軍の答えは、はた目にも苦しいものになった。

地元カナダのメディアの論調も、英雄扱いから、将軍に疑いの目を向けるものになっていた。将軍は、ワシントンの公聴会から帰国するとすぐに、地元オタワの有力新聞の論説委員会議に出席し、自らの正当性を主張しなくてはならなかった。

「おかしい、タイミングがよすぎる」

上院での証言に合わせるかのように、自分を攻撃する情報が流布され、自らに対する周囲の見方が厳しくなったことで、マッケンジー将軍は、何か計画的な意志が働いている、と感じた。しかし、それが何なのか、具体的にはわからなかった。

「そのときはPR企業の存在には気がつきませんでした。そうだ、これはPR企業の仕業だと思いあたったのは、しばらく時間がたってからのことでした」

将軍は、そう振り返る。

サラエボから英雄として帰国した当初、将軍はカナダ政府の国防相になるのではないか、と取りざたされていた。しかし、そのような話はぱったりと聞かれなくなり、そのかわり、将軍に退役を迫る有形無形のプレッシャーが強まった。

「とにかく、収容所を知らないと発言したことがすべてのきっかけでした。その後は何を言っても非難されるようになりました」

マッケンジー将軍には、さまざまな中傷が寄せられた。

「妻がセルビア人だから将軍はセルビア人の味方をするのだ（実際には妻はスコットランド人）」

あるいは、

「将軍はサラエボで収容所に入れられたモスレム人の女性をレイプした」

など、いずれも根も葉もない噂だった。しかし、将軍の評判は確実に傷つけられていった。

中にはまったく根拠がないとは言えない指摘もあった。

将軍は各地で講演活動を行った。サラエボでの状況を話してほしい、という依頼だった。どこで何を話したか、ハーフのもとにはそうした情報も入ってきた。

「アメリカ中にいるクロアチア人やアルバニア人の団体から、マッケンジー将軍がどこかで講演すると連絡がきました。たとえばあるときは、ボストンで講演した、とかね。すぐに将軍の発言の細かい内容がファクスで送られてきましたよ」

そして、誰がその講演料を支払ったかが攻撃の的となった。講演料の一部は、在米セルビア人の団体が負担していた。「強制収容所」をスクープしたガットマン記者が、この講演料の出所を調べて記事を書いた。

「マッケンジー将軍は、多額のお金をセルビア人から受け取って講演をしている」

というのが定評になった。その額は、あるときは一万五千ドルで、また別の指摘では二万ドル、さらには三万ドルと言って非難する者もいた。

講演料を支払った在米セルビア人の団体のひとつは、パニッチ首相が設立にかかわった「セルビアネット」だったが、マッケンジー将軍と接触するとき、正式名を出さずに表向きはセルビア色のない政治団体、という形をとっていた。そのために、

「私は〝セルビアネット〟なんて聞いたこともありませんよ」

とマッケンジー将軍は述べている。

結局、将軍は、定年まで数年を残して軍を去ることを余儀なくされた。

現在、将軍はトロントから北に二時間半ほど車を走らせたところにある静かな町のはずれの大きな一軒家に暮らしている。私が自宅を訪ねた日は、短い夏の快晴の日だった。インタビューを終えたところで家の外観を撮影するため庭に出てみると、ベランダに安楽椅子が揺れていた。

「将軍を視聴者に紹介するための映像を撮影したいのですが、あの椅子に座ってみていただけませんか？　今日は外光の具合がいいものですから」

将軍はこちらの本当の意図をすぐに見抜いた。

本を読んでくれた。
「引退してひなたぼっこしかすることのない老人のイメージが撮りたいのかい？」
と、私の本心をずばりと言い当てながら、快くこちらの要求にこたえて、安楽椅子でしばらく本を読んでくれた。

サラエボで「報道カメラマンの恋人」と呼ばれたマッケンジー将軍の旺盛なサービス精神は今も変わっていない。だが、そのことと、プロフェッショナルのPR戦略とは別だった。

「politically correct（政治的に正しい）」という英語の表現がある。心にある本当の考えや思いは別にして、発言の政治的な影響を考えたときに適切なものの言い方、という意味だ。マッケンジー将軍は、この言葉を使って当時の自分の考えを説明した。

「自分は一人の軍人として取材に答えました。質問に答えているとき、後で非難されるかも知れないなどという考えは頭のなかにありませんでした。〝政治的に正しい〟答えをしようと思ったこともないですよ。それで正しかったと今も思っています。単純な質問に単純に答えたまでのことです。自分は本当に強制収容所について何も知らなかったんですから」

そして、将軍は、

「サラエボにいたときは、現地に来ていた記者たちと文字通り生死をともにし、互いに深く信頼しあう関係を築いていました。こちらに帰ってから、サラエボの記者たちとは違う、センセーショナリズムを追い求めるタイプのメディアに対応しなければならなくなりました。それが私にとっての不運だったと思います」

と、分析している。

しかし、この分析は間違っているだろう。サラエボでも、ニューヨークでも、メディアの本質に変わりはない。違うのは、将軍の目立ち方だった。

「マッケンジー将軍がやっていたことは、私たちは最初から知っていました。目障りではありました。でもほかに優先すべきことが数多くあったのでしばらくは放っておいたのです」

サラエボにいたころのマッケンジー将軍について、ハーフはそう語っている。

同じことを言っても、サラエボで発言しているあいだは将軍は大きな「障害物」ではなかった。ニューヨークの国連本部という舞台で、あるいはテレビのネットワークの生放送で将軍が語りだしたとき、その存在はハーフにとって、排除しなくてはならないものになった。

マッケンジー将軍は、軍人らしい軍人だ。何らかの政治的意図をもってセルビア人に味方しようと考えてはいなかったろう。見たまま、思ったままを語っていたのだが、生来のセンスのよさと偶然のめぐり合わせによって、軍人として本来あびるはず以上に明るいスポットライトの下で活動し続けることになった。そのことが、将軍の人生を狂わせたのである。

第十三章　「シアター」

1992年8月26～27日、ロンドンで開催されたユーゴスラビア和平国際会議
©共同通信

平和の使者としてサラエボを電撃訪問し、ＰＲ戦争の失点を一気に挽回《ばんかい》するという戦略が、同行したＡＢＣプロデューサーの射殺という悲劇によって失敗した後、パニッチ・ユーゴスラビア連邦首相は、首都ベオグラードに戻った。悪化の一途をたどる状況を前に、パニッチ首相は失意に沈む間もなく、すぐに手をうたなければならなかった。

パニッチが考えた次の一策は、主要国の首脳が一堂に会してボスニア紛争の解決策を話し合う一大会議を開催することだった。それは世界のメディアの注目を独占する舞台となるだろう。そこに自分がユーゴスラビア連邦代表として乗り込み、得意の英語スピーチを駆使してシライジッチ外相らボスニア・ヘルツェゴビナ政府の首脳と対決し、形勢を逆転しようという狙いだった。ＰＲのプロの助けがないパニッチは、西側メディアに露出する頻度で差をつけられていた。そこで西側記者が否応なく集まる「檜舞台《ひのきぶたい》」を設定し、一気に勝負をかけようというのである。

パニッチ首相は、まずフランスのミッテラン大統領に相談した。

「私は、ミッテラン大統領との会談のアポイントメントを取るとすぐにパリに飛びました。大統領とひざを突き合わせて、国際会議の開催について直談判したのです」

とパニッチは証言する。

ミッテランとの会談は予定の十五分を大幅に超え、一時間以上にもなった。歴史的にフランスにはセルビアに対する親近感があり、西側諸国のほとんどを敵に回しているようなセルビア人にとって、ミッテラン大統領は相談ごとを持ちかけられる数少ないヨーロッパの首脳だった。

「私には、平和について世界に語る機会がどうしても必要なのです」

パニッチは懇願した。すぐには首をたてに振らなかったミッテラン大統領も、最後には、

「あなたの考えに同意します」

と言った。

「ありがとうございます。開催地は、むろんパリですね」

「いや、パリではなくロンドンがいい。イギリスのメージャー首相に話を持っていくといい」

ミッテラン大統領の最後の答えは、パニッチにとって少し意外だった。イギリスはフランスに比べて、セルビアに対してより厳しい態度をとっていた。パリで開催ならミッテラン大統領が会議の議長だが、ロンドン開催ならメージャー首相が議長になる。会議運営の事務作業もイギリス外務省が担当することになる。パリ開催のほうがセルビアにとっては有利と思われた。だが、ミッテランは開催場所について譲らなかった。

パニッチはベオグラードに戻ると、イギリスのメージャー首相に電話をした。メージャー首相には、すでにミッテラン大統領から連絡があり、パニッチの国際会議開催の望みについて話が通っていた。メージャー首相はロンドン開催を承諾した。

パニッチ自身はこの会議が自分の発案で開催されたと今も考えているが、このときの経緯や他の証言から判断して、すでにミッテラン大統領とメージャー首相の間でも大規模な国際会議の構想があり、それはロンドンで開催するということもおおよそ固まっていた可能性が高い。いずれにしても、開催場所以外については、パニッチの考えどおりに国際会議が開かれることになり、八月二十六日から三日間の会議期間が設定された。

パニッチ首相はこのチャンスを自分のものにするため、あらゆる手段を講じて準備を進めた。

まず、セルビア共和国北部の「ハルトコプチ」というクロアチア人が多く住む町で、セルビア人の町議会議長とその仲間四人を、「民族浄化」を行っているとして逮捕させた。彼らはセルビア民族至上主義者で、非セルビア人に対する迫害、追放を行い、町の名前も「セルビア人の町」を意味する「スルビスラブチ」に勝手に変えていた。パニッチのこの政策は、セルビア人を非難する西側諸国への反感から、セルビア民族主義が高まっているユーゴスラビア連邦国内ではきわめて不人気だった。しかし、パニッチは国内での自分の政治基盤に傷をつけてでも、国際社会にアピールしようとした。

予想どおり、セルビア国内で反パニッチの声が沸き上がった。セルビア人を不当に扱う西側の世論に媚《こ》びるな、という声だった。パニッチはそれに構わず、さらに連邦政府のケルテス内務次官の更迭を指示した。この人物は、ボスニア・ヘルツェゴビナにいるセルビア人勢力と裏でつながり、モスレム人弾圧に手を貸している、と噂されていた。ミロシェビッチ・セルビア共和国大統領の子飼いで、パニッチ内閣に送り込まれていた。それをクビにすれば、ベオグラード最大の実力者ミロシェビッチの逆鱗《げきりん》に触れることは目に見えていた。

パニッチは、一つの覚悟を決めていた。

それは、セルビア、そしてユーゴスラビア連邦に対する悪のイメージをミロシェビッチ一人に負わせ、すべては彼の責任である、ということにするPR戦略だった。そしてミロシェビッチ大統領の「悪のイメージ」が頂点に達したところで責任を全部背負って大統領職を辞任してもらい、その後を西側に受けのいい自分がとってかわろう、という計画だった。

この計画にミロシェビッチ大統領が賛成する可能性はまったくなかった。パニッチ首相は、ミロシェビッチとの権力闘争に勝ちぬくために、このプランを強制する決意を固めたのだ。内務次官の更迭は、その宣戦布告だった。

もともと、パニッチとミロシェビッチは対立関係にはなかった。パニッチを選んだのはミロシェビッチなのである。パニッチ自身も、

「私とミロシェビッチ大統領は、元来協力して仕事にあたっていました。最初は私も彼のために働いていましたからね」

と言っている。

パニッチ内閣の情報相ペリシッチは、

「パニッチは、ミロシェビッチの頭のよさを認めていた」

と証言する。パニッチも、ミロシェビッチの中に自分とは異質の才能を認め、ある種の畏敬《いけい》の念を持っていたのかもしれない。

そのミロシェビッチにとってかわろうというのは、パニッチの権力欲の表れでもあったろう。しかし、セルビア人に貼られた悪のレッテルをはがすには、それしか方法がなかったのも事実だ。それは、その後九年の歳月を経て、権力の座を追われたミロシェビッチがセルビア共和国当局の手によって逮捕され、ハーグの国際法廷に送られた、という事実によって証明されている。現在のセルビア共和国政府は、ミロシェビッチ大統領を国際社会に差し出し罪を負わせることで、問題はセルビア人全体にあるのではない、とアピールしているのだ。それはパニッチ首相が考えた方法と同じである。

ハーフのもとにも、ロンドン会議開催の知らせはすぐに届いた。

ハーフは、これが最大の勝負どころとなる、とただちに判断を下し、さっそくロンドン支社に作戦のバックアップを依頼した。

ルーダー・フィン社には世界各地に拠点があり、ロンドン支社はそのひとつだ。海外での仕事は、サッカーの試合でアウェーで戦うのが常に不利なのと同様に、さまざまな障害と戦うことでもある。そんな時、現地での的確な支援があると、アウェーの戦いをホームにすることもできる。しかし大きな組織では、本国と出先の連携がうまくいかないこともある。おたがいの縄張り意識が衝突すると、逆効果になる。ハーフの場合、戦略策定の主導権はハーフが握り、ロンドン支社はホテルの手配、支社内におけるスペースや電話など施設の提供、つまりロジスティック支援に加え、必要な場合には的確なアドバイスを与える、といった形で役割分担をはっきりさせたためスムーズに仕事ができた。

早々にロンドンでの支援態勢を固めると、ハーフは次々とサラエボの大統領府にファクスを送った。

ハーフの要請に基づき、イギリス外務省が準備したロンドン会議の参加登録書類が送られた。そこには、各国代表団は十二人に限られる、とあった。ジャーナリストでも入れない場所を含め、会場内のどこにでもアクセスできる貴重なIDカードを手にするメンバーの中に、「三人のジム」のうちハーフとマザレラが加えられた。

それにもう一人、ハーフの仲間のアメリカ人が、ロンドン行きのメンバーに加わっていた。最初にハーフをシライジッチ外相に紹介した人権活動家のデビッド・フィリップスである。

ハーフは、このロンドン会議に向けて、「議会人権財団」というNGOを主宰するフィリップスとの連携を強めていた。NGOというと、損得勘定から離れ、高邁《こうまい》な理想のために骨を折る慈善団体のようなもの、というイメージがあるかもしれない。しかし、中にはワシントンで、メディアや政界、官界にネットワークを広げ、政治的に動くことが得意な組織もある。

フィリップスについて、『USAトゥデイ』紙の記者だったリー・カッツは、

「たとえば、連邦議会の議員の中で誰がボスニア紛争に関心を持っているのか、フィリップスは教えてくれたんです。何百人と議員がいるわけですから、私たちはそのひとりひとりが何に興味を持っているのか、なかなかカバーしきれません。とくに国務省を担当していて、キャピトル・ヒル（連邦議会）に足を運ぶ時間がないとき、議会の様子を知らせてくれるのは正直とてもありがたかったですよ」

と証言する。フィリップスは、議会だけでなく、国務省や国連など、国際政治の関係者にも幅広い人脈を持ち、コーディネートする能力を持っていた。ハーフはそこに目をつけたのだ。

ハーフが作成した「戦略的メッセージ」と題されたメモがある。ロンドン会議に向けて誘導すべき国際世論はどのようなものか、その基本方針をまとめた最重要資料である。

そこには、

一、侵略者は大セルビア主義を強制しようとしている

二、ボスニア・ヘルツェゴビナ政府は、国民の投票によって選ばれた法的に正当な政府である

三、セルビア人はテロリストで侵略者であり、ボスニアが犠牲者である

四、交渉は、セルビアの軍事力の脅しのもとで行われるべきではない

五、侵略者は組織的に民族浄化を進めている

六、侵略者は強制収容所をボスニア各地に設置している
七、国連のもとで軍事力がボスニア全土に展開されるべきである
八、セルビアに対して科している経済制裁は厳格に実行されなければならない
九、国際社会は、テロリストたちに交渉の機会を与えることによって、彼らに法的な存在根拠を与えてしまっている
十、ボスニアの民主主義のため、憲法制定の準備が必要である
十一、人道に対する罪を犯した者には、戦争犯罪法廷の裁きが行われなければならない

「侵略者」という言葉を「セルビア人」と同義語としたレッテル貼りに満ちた表現は、五月以来続けられてきたハーフたちのPR戦略の集大成だ。また「テロリスト」を多用して非難するのは、十年を経た現在でもそのまま通用するセンスである。その中で、最後の二つの論点は具体的な成果を目指した提案だった。民主的な憲法制定と戦争犯罪法廷設置は、フィリップスが強く主張したアイディアで、人権と民主主義を金科玉条とするアメリカの人権活動家らしいものの言い方だった。

フィリップスは、イゼトベゴビッチ大統領あてにファクスを送り、

「あなたが憲法制定に本腰を入れてやる気になったと理解する。アメリカを建国した者たちも、イギリス軍の砲火の下で憲法を作ったのだ」

と、憲法の草案をアメリカとヨーロッパの法律家たちを中心とした委員会で作成し、ボスニア議会で最終的に承認する、というスケジュールを提案していた。

それは大人が子供に対して教えるかのような言い方であり、一国の大統領に対して一介の人権

運動家が提言する文面ではなかった。そこには、戦後すぐの日本に対してアメリカ人が持っていたのと同じような見下した視線があったと言うしかない。

しかし、ロンドン会議で、

「ボスニア政府は民主的な憲法の制定に着手した。ついては各国の支援を要請したい」

と言うことができれば、西側のメディアや外交官に大きな共感を呼ぶことは間違いなかった。

もうひとつのポイント、戦争犯罪法廷を設置しセルビア人を裁くべきだ、という考えは、その後その通りに実現した。それは、第二次大戦後のニュルンベルクと東京以来の国際戦犯法廷を開くという画期的なアイディアであり、セルビア人が、ヒトラーや東条英機と同様の犯罪者である、と国際的に承認するよう求めるのと同じだった。このアイディアには、西側諸国の中でもとくにドイツ政府が熱心で、まるでニュルンベルクの意趣返しをしているかのようだった。フィリップスは設置場所や裁判所の構成など具体的な構想を話し合うため、ドイツの外交官とも連携することにした。

ハーフは、こうしたフィリップスの考えを採用するようにシライジッチ外相やサラエボのイゼトベゴビッチ大統領に強く勧めた。シライジッチたちも承諾した。

会議開催が近づくにつれ、両陣営はさらに動きを加速させた。

ユーゴスラビア連邦のパニッチ首相は、会議で提唱する「五ヵ条の行動計画」を用意した。セルビア側に「民族浄化」があったことをあらためて認め、その停止を誓うことを柱にしていた。それは、客観的に見ても、大胆かつ内容の濃いものと言えた。これをロンドン会議の本会議で提出し、さらに記者会見で高らかにうたいあげ、同時にミロシェビッチ大統領の退陣を求めようというのだ。

　ボスニア・ヘルツェゴビナ政府のシライジッチ外相は八月二十一日までアメリカを訪問し、その後クウェートで開かれるイスラム諸国の国際会議に向かった。ハーフはシライジッチのアメリカ訪問をとりしきり、いつものように可能な限りメディアに露出させた後、二十二日にはマザレラとともにヨーロッパに向かった。ハーフはいったんジュネーブに寄って情報収集をし、マザレラはロンドン入りして、BBCをはじめとするヨーロッパの主要メディアとの出演交渉や、アメリカのメディアのロンドン特派員との接触を始めた。

　そのマザレラのもとに、サラエボから小さなトラブルの種が舞い込んだ。マザレラたちは、ボスニア・ヘルツェゴビナ代表団の宿舎を、ハイアット・カールトンタワーホテルと決めていた。ところがサラエボのボスニア大統領府に、このホテルはセルビア代表団がロンドンでの定宿にしている、という情報ももたらされた。大統領首席補佐官のサビーナ・バーバロビッチは、

「セルビア人と同じホテルに入るなど、何があっても考えられないことです」

　と、訴えてきた。

　マザレラは、すぐにカールトンタワーホテルに、

「絶対にセルビア人を泊まらせないようにしてください。もし彼らが泊まるのなら、ボスニア代表団の予約は全部キャンセルするしかないですよ」

　とかけあい、セルビア人は他のホテルに泊まることになった。

　こうした仕事もハーフたちの重要な役割であるとともに、国際交渉をめぐる駆け引きの一つだった。

会議前日の二十五日、サラエボからイゼトベゴビッチ大統領が、訪問先のクウェートからシライジッチ外相がロンドンに入った。ベオグラードからはミロシェビッチ大統領とパニッチ首相も到着した。ハーフはすでにロンドン入りしてマザレラと合流している。そして各陣営に、会議場の準備が整い下見が可能になった、という事務局からの連絡が入った。

イギリス外務省が会議場に指定したのは、ロンドンの中心、ウエストミンスター地区にあるコンベンションセンター、クイーンエリザベス二世会議場だった。頭文字をとって「QE2」と呼ばれる巨大な建物は、ロンドンの象徴ビッグベンの向かいにあり、歴史的な建造物に囲まれた、その近代的なコンクリート建築は、周囲の雰囲気とはそぐわない無骨な印象を与えている。

モスレム人主体のボスニア・ヘルツェゴビナ政府、パニッチやミロシェビッチらセルビア人の代表、そしてクロアチア人勢力の三当事者には、一部屋ずつ控え室が与えられ、国際電話と国内電話が一回線ずつ、ファクスとコピー機、シュレッダー各一台が備えられた。討議が行われるメイン会議場には、日本を含むその他二十七の国や国際機関の代表団が一堂に会するように、巨大なカタカナの「ロ」の字の形にテーブルが並べられた。

パニッチ首相の陣営は、念入りに会場の下見をした。陣営のスタッフは、そこで一つの問題を発見した。パニッチ首相の秘書官デビッド・カレフはそのときのことをこう振り返る。

「会議場のテーブルには、各席に座る参加者の名札が置いてありました。私たちの席をチェックすると、困ったことにミロシェビッチ大統領とパニッチ首相が、隣り合わせの席になっていたんです」

事務局を担当したイギリス外務省の官僚にしてみれば、それは当然の席順だった。セルビア共和国大統領とユーゴスラビア連邦首相という立場の違いはあっても、いずれもベオグラードからやってきた、セルビア人を代表する二大政治家なのだ。しかし、すでにミロシェビッチとの訣別《けつべつ》を決意していたパニッチ陣営にとっては都合の悪い席順である。「悪の権化」になってもらうミロシェビッチの隣に座り、テレビカメラに並んで捉《とら》えられ、同じ穴のむじなの二人と見られてしまうのは困る。平和の使者パニッチは、物理的にも悪の帝王ミロシェビッチと距離をおく必要があった。

カレフは担当者に、アメリカのアクセントの英語で、

「都合があるので、席の順番を変えたいんだけどね」

ともちかけた。

「席の配置は、すでに決定された事項です。変更は認められません」

イギリス外務省の担当者は、厳かなクイーンズイングリッシュでカレフの要望を却下した。

それでは、とカレフは思い切った手段に出た。

「リスクはありましたが、係員の目を盗み、名札の位置をすり替えてパニッチ首相とミロシェビッチの席を離したのです。これはまんまとうまく行きました。会議が始まっても誰もそのことを指摘せずにそのままになったんです」

ロンドン会議の資料映像は今も豊富に残されている。だが、メイン会議場でこの二人が同時にうつった映像はない。同じセルビア人代表の二人が不自然にも離れて座っているのである。カレフの細工は成功したのだ。

こうしたジャブの応酬のほかに、会議開催の前日には、誰もが予想しなかった二つの辞任劇が

起こり、ロンドンに大挙して集まりつつあった各国の代表団とメディアを驚かせ、会議の行方にも微妙な影を落としていた。

一人は、ロンドン会議を国連とともに共同開催しているECの和平特使キャリントン卿である。キャリントン卿は開催国イギリスの元外相であり、会議の主役の一人になるはずだった。それが、会議開催前日に辞任してしまった。

「これ以上この仕事を続けていれば、自分の時間がまったくなくなってしまう。もう続けられない」

というのが、公式の理由だ。

しかし、この言葉だけで、ロンドン会議の前日に辞任する、という劇的なタイミングを説明するには不十分だった。

キャリントン卿は、モスレム人側にもセルビア人側にも、同等に責任がある、という考えの持ち主だった。おたがいの勢力が自分の側に属する人々をわざと砲撃し、それを敵の攻撃だと言って「われわれはこんなにも被害をうけている」とアピールする、という言語道断の戦術をとっている、と考えていた。

キャリントン卿がそういう考えにいたったのには個人的な体験も関係していた。あるとき、サラエボのイゼトベゴビッチ大統領のオフィスを訪問すると、ちょうどその建物が砲撃された。そのとき、イゼトベゴビッチ大統領は敵対するセルビア人勢力がしているはずの砲撃のタイミングを分単位で正確に知っていた、と言うのだ。

「これはとても怪しいと思った。ボスニア・ヘルツェゴビナ政府の首脳は自分たちが同情をかうためにはどんなことでもする決意を固めているのだ、と私は判断した」

そして、

「セルビア人だけがいつもいちばん悪いと言われていた。それは彼らがいちばん目立ったからなんだよ。たしかにセルビア人も非情な連中だった。しかし、好むと好まざるとにかかわらず、結局は私たちもセルビア人とともに生きてゆかねばならんのだ。ひとつの国に〝悪〟のレッテルを貼ってしまうことは、間違いなんだ」

と述べている。

ハーフは、こうしたキャリントン卿の考えを知っており、攻撃の対象にしていた。すでに七月の「ボスニアファクス通信」で、

「キャリントン卿は、自らがまとめた停戦合意に三十九回も失敗したあげく、被害者（モスレム人）と侵略者（セルビア人）を区別せずに扱って両方を非難し、自分の失敗の責任を押し付けた」と非難している。このような文書をばらまかれ、お前はセルビア人の味方をするのか、とメディアからの攻撃にさらされることは、功なり名を遂げ、上流階級に属するキャリントン卿にとって耐え難いことだっただろう。すべてを投げ出す決心をしたキャリントン卿のロンドン会議前日の辞任には、せめてもの抗議の意思が込められていた。

ハーフにとって、これは一つの勝利である。親セルビアの傾向を持つ人物を、和平特使の要職から排除したのだ。だがそれでも、キャリントン卿に対する追い討ちの言葉に情けはなかった。

キャリントン卿の辞任を速報する「ボスニアファクス通信」で、

「キャリントン卿は、セルビア人が常に破ってきた停戦協定のアレンジを何度もしたが、結局和

平をもたらすことはできなかった。その行動にこれまでも非難の声があがっていた人物である」と解説した。

キャリントン卿の後任に指名されたのは、やはり元イギリス外相のオーエン卿である。セルビア人勢力に対する空爆の必要性を訴えるなど、セルビアに厳しい発言で知られる人物だった。

同じ八月二十六日付の「ボスニアファクス通信」は、もう一人、意外な人物が辞任したことを大きく伝えていた。アメリカ国務省の旧ユーゴスラビア担当官、ジョージ・ケニーの辞任だった。

「アメリカの非効率的かつ非生産的なユーゴ危機に対する政策を、これ以上支えてゆくことは自分の良心が許さない」

というのがその辞任の弁である。

ハーフたちがこの辞任劇の裏で暗躍した、というわけではない。

「三人のジム」の一人は、ケニーを評して、

「国務省のバルカン政策チームの中で、彼は最も知性がなかった」

と言うくらいで、それまではほぼノーマークの存在だった。ケニーは中堅どころの官僚で、国務省内では有数のバルカン地域の専門家ではあったが、最高度の機密や政策決定過程に関与してはいなかった。

だが、ケニーは辞任したあと、

「これまでに得た情報から、セルビア人に責任があることは疑いがない」

「モスレム人は、悲惨な無実の被害者だ。暴漢にいきなり襲われたようなものだ」

「アメリカは、ただちにボスニア・ヘルツェゴビナに空軍を送るべきだ」

といった願ってもないコメントを連発している、という情報が伝わると、その利用価値は飛躍的に向上した。

ハーフは、「ボスニアファクス通信」でケニーの発言を伝えるのはもちろん、ケニー本人に接触し、

「ぜひイゼトベゴビッチ大統領や、シライジッチ外相と会談してください」

と、申し入れた。

外国の大統領や外相との会談など、ケニーにとって、辞任前の一中堅官僚の身分からは夢のような話だ。こういう申し出を受けて気をよくしないわけはない。ケニーのボスニア・ヘルツェゴビナ政府寄りの発言はさらに加速していった。

同時に、ハーフたちはケニーの経済的な事情も見透かしていた。三人のジムの一人は言う。

「私たちは、ケニーと一緒にいろいろなことをしましたよ。彼にはメディアの表舞台で発言を続ける必要があったんですよ。何しろ辞任して失業していたわけですから」

こうして「三人のジム」とケニーの関係は深まってゆき、後にケニーが『ニューヨーク・タイムス』紙に書いたセルビア非難の論文の下書きを、ルーダー・フィン社が書く、というところにまで発展する。そのことが、ルーダー・フィン社からボスニア政府に提出された報告書にはっきり記されているのである。

ケニーの辞職と、それが大きく取り上げられる事態は、国務長官代行イーグルバーガーの心理に影響したはずである。ロンドン会議に先立つ八月二十三日に、ベーカー国務長官がブッシュ大

統領再選委員長に転出し、副長官のイーグルバーガーが長官代行として国務省を率いるようになっていた。ロンドンにアメリカ政府代表としてやってきたのもイーグルバーガーだった。

イーグルバーガーは国務省たたき上げの官僚で、キャリアの中で二回、ユーゴスラビア連邦の首都ベオグラードに勤務しており、ミロシェビッチとも親交がある。そうしたことから、イーグルバーガーはセルビア寄りで、そのために正義感に燃える若い官僚が憤然と辞任した、という解説が語られていた。イーグルバーガーは、これ以上セルビア寄りのレッテルを貼られるのは避けたいという状況に追い込まれていたのだ。

こうして、パニッチ、ハーフ、それぞれがロンドン会議に向け決意と準備を整えていた。おたがいに相手の出方を警戒しながらも、自分たちの戦略が敵を上回っている、と考えていた。

八月二十六日、ロンドン会議が開幕した。イギリスの『ザ・タイムス』紙は、

「欧州と国連による野心的な和平交渉」

と見出しに書いた。二十世紀の末に突如再来した第二次大戦の悪夢、ボスニア紛争が、ついに解決するのか。世界のメディアが注目していた。

予定どおり、パニッチ首相はミロシェビッチ大統領と離れた席につき、ハーフとマザレラはボスニア・ヘルツェゴビナ代表団として、正式な交渉団員以外立ち入り禁止の本会議場に入った。

世界はこのイベントに平和への期待をかけていたが、皮肉なことに、会議場へのＩＤを手にした各国の参加者たちは、この会議が実質的な話し合いの場ではなく、それぞれの立場を宣伝するパフォーマンスの場でしかないことを知っていた。

ジム・マザレラは、

「この会議は、参加した西側の各国政府にとっては『われわれは真剣にボスニアのことを考えているよ』というポーズをとるためのものでした」

と証言する。

パニッチ内閣の一員として参加したペリシッチ情報相も、

「私には、この会議が真剣な交渉のためのものではなくて、〝劇場(theater)〟である、ということはわかっていましたよ」

と述べている。

パニッチ首相は、もともと自分の発言の場を確保する目的でこのイベントの開催に動いた。アメリカのイーグルバーガー国務長官代行は、「ヨーロッパの裏庭」で起きている紛争に、本音では深入りしたいとは思っていなかった。イギリスのメージャー首相や、フランスのミッテラン大統領は、ボスニア・ヘルツェゴビナで渦巻く憎悪と流血の混乱は、二日や三日の会議で解決できるものではない、ということを知っていた。ニューヨークからやってきたエジプト人の国連事務総長、ブトロス・ガリは、バルカンよりもアフリカでおきている悲劇にこそ、世界の関心が集まるべきだ、と思っていた。そして誰もが「強制収容所」問題を頂点とする国際世論の高まりを前に、ボスニアの問題を放置している、という非難を回避したいと思っているだけだった。そのためにロンドンに皆が集まっていた。そして、会議場のQE2が「劇場」であり、行われるのが「演技」であればあるほど、ロンドン会議は振付師であるハーフの腕の見せ所となっていったのである。

各国の「演技」の先頭を切ったのは、開催国イギリスのメージャー首相である。

「セルビアは、自らが国際社会の一員になるつもりがあるかどうか、自問しなければならない。もし答えがNOならば、今後一切の貿易も、援助も、国際的な承認もなくなる。経済的な、政治的な、文化的な、そして外交的な孤立あるのみだ」

セルビアを名指しした厳しい非難だった。

ミロシェビッチ大統領の顔が、たちまち不機嫌にゆがんだ。

同じイギリスの外相、ダグラス・ハードが追い討ちをかけた。

「旧ユーゴスラビアの人々が味わっている苦難は、運命のいたずらなどではない。セルビアのあくどく意図的な侵略行為によっておきている」

さらに、ドイツのキンケル外相は、

「ベオグラードこそ、邪悪の根源である」

と言い切った。

パニッチ首相にとっても苛酷な言葉の連続だった。しかし、予想できない事態でもなかった。今の国際世論の雰囲気からすれば、セルビア糾弾の言葉が各国首脳から続いて出ることは避けられない。とくにドイツは、クロアチアと歴史的な親近感を持っていることから、前年のクロアチア紛争のときから常にセルビア非難の急先鋒《きゅうせんぽう》だった。

気になったのは、イーグルバーガー国務長官代行の動きだ。西側諸国の中で、アメリカの発言は目立って少なかった。パニッチも、ミロシェビッチも、アメリカ代表団には淡い期待を持っていた。ミロシェビッチにとっては、イーグルバーガーは旧知の間柄だ。パニッチは自分がアメリカ市民である以上、同じアメリカの代表団が自分と完全に敵対することはないのではないか、と思っていた。セルビア支持の発言をすることまでは難しくとも、紛争当事者双方にバランスのとれた発言をしてくれれば、反セルビア一辺倒の議場の雰囲気が少しはやわらぐかもしれなかった。しかし、アメリカ代表団は沈黙していた。

「イーグルバーガーは、会議の間中ずっと、わたしたちの席に背を向けるようにしていました。その態度は、私たちには傲慢《ごうまん》にうつりましたよ」

ペリシッチ元情報大臣はそう証言する。

ボスニア・ヘルツェゴビナ代表団の側にいるデビッド・フィリップスも、

「イーグルバーガーは、ロンドン会議の開催中、三十六時間にもわたって一度も席から立ち上がることさえしませんでした。会議場に、アメリカの代表団はいるのかいないのかわからないような状態で、国連とECだけで話し合っているようなものでしたよ」

と、イーグルバーガーの沈黙を訝《いぶか》っている。

『ザ・タイムス』紙は、ロンドン会議の模様を伝える記事で、イーグルバーガーの態度には、部下であるジョージ・ケニーの辞職と国務省の政策に対する批判が影響しているのかも知れないと指摘した。

実際には、イーグルバーガーはこのとき、水面下でボスニア・ヘルツェゴビナ政府と接触していた。

ロンドン会議の期間中、イーグルバーガーの宿舎だったチャーチルホテルのスイートルームでシライジッチ外相、イゼトベゴビッチ大統領との非公式会談が行われていた。アドバイザーとして同行したデビッド・フィリップスはそのときの雰囲気について証言する。

「私たちが到着したとき、イーグルバーガーはまだ準備ができておらず、慌てて息を切らせながら出てきました」

イーグルバーガーは、このとき着替えの最中で、ネクタイをしめていなかった。

「服を半分しか着ていなくて申し訳ない」

とイーグルバーガーが言うと、すかさず、シライジッチが、

「ラリー、かまわないよ。まだ半分しか服を脱いでいないっていうことだとしてもOKさ」

と、イーグルバーガー長官代行が今しがた出てきたベッドルームのほうをちらりと見て笑った。イーグルバーガーも、くわえていた葉巻の煙をおもわず吹き出した。

日米首脳会談などがあると、両首脳は相手をファーストネームで呼び合う関係になった、と喧《けん》伝《でん》されることがよくある。だが、問題はファーストネームで呼ぶことではなく、そこからさき、冗談もまじえた丁々発止の会話が成り立つ関係になるかどうかだ。日本の歴代総理大臣や、外交官たちにそんなセンスがあるとはほとんど考えられないが、ついこの前まで政治の経験ゼロだったシライジッチは、ハーフとコンビを組んだ数ヵ月の日々を経て、このときすでにそうした外交の機微を心得るまでになっていた。そして、ジョーク交じりの会話のあと、両国首脳は互いの立場について真剣な意見交換をした。アメリカとボスニア・ヘルツェゴビナ政府の間のコミュニケーションはすでに完全にできていたのだ。

パニッチは、それを知らなかった。

シライジッチの英語表現術は、本会議の場でもあらためて各国の外交官たちを驚かせていた。

たとえば、

「もし、この会議が明確に、セルビア人に対してボスニアから出てゆけ、というメッセージを出さなければ、それは〝殺人許可証〟を彼らに与えるのと同じだ」

と発言した。殺人許可証とは、映画の『007』でおなじみのセリフだ。ジェームズ・ボンドの国、イギリスにふさわしい表現だった。そのような言い方を駆使できる役者は、セルビア側にはもちろん、全参加者を通じてもあまりいなかった。

正式なボスニア政府の交渉団員であるハーフとマザレラは、そうしたシライジッチに影のように従い、サポートした。

「ことあるごとにシライジッチ外相にメモをわたしてアドバイスしました。とくに、英語の表現についてはいろいろ言いましたよ」

とハーフは言う。

三人は、現在ほど普及していなかった携帯電話を会場内で持ち歩き、常に連絡しあっていた。ロンドン会議のような大きい国際会議ではメイン会議場以外の場所、たとえば廊下での立ち話が重要な意味を持つことも多い。携帯電話があることで、どのＶＩＰがどこで話をしているかリアルタイムで把握できたし、記者やテレビのクルーがどこに集まっているかを瞬時に知らせあい、シライジッチ外相を最も効果的なタイミングで彼らの前につれて行き、インタビューさせることもできたのである。この携帯電話はルーダー・フィン社のロンドン支社が手配したものだった。

一方、ユーゴスラビア連邦のパニッチ首相は、本会議場で勝負をかけるタイミングを見計らっていた。

その機会は、共同議長の一人、ガリ国連事務総長が、ミロシェビッチ大統領に質問を発した時にやってきた。

この場面は、取材カメラがシャットアウトされる公式の議事進行中のことなので映像は残されていないが、セルビア人側、ボスニア・ヘルツェゴビナ政府側双方の何人もが鮮明に覚えていて私に証言している。それほど印象的な場面だったのだ。

ガリ事務総長に答えようと、ミロシェビッチ大統領が立ち上がり、口を開きかけた瞬間、パニッチは大きな声で叫んだ。

「議長、その質問は私にしてください」

一瞬、議場にいる各国の代表たちは、何が起きたのかわからなかった。

パニッチはすぐに続けて、ミロシェビッチ大統領に、

「君は座りたまえ。この国を代表するのは私だ」

と言い放った。

ミロシェビッチ大統領は、怒りで顔を真っ赤にし、すぐに言葉が出なかった。一瞬の間をおいたあと、反論しようとすると、

「だまれ」

とパニッチが一喝した。

ミロシェビッチは、憤然として、席に着いた。

議場全体が、予想外の出来事に静まり返った。世界中の代表団や国連事務総長の前で、同じベオグラードからやって来た連邦首相が共和国大統領を「だまれ」と叱責《しっせき》し座らせたのだ。それ

は、各国のベテラン外交官たちにとっても前代未聞の光景だった。

人権活動家のデビッド・フィリップスは、

「これはきっと、パニッチ首相もミロシェビッチ大統領もすべて承知のうえで、セルビア側が仕組んだ台本があるんだろう、〝やらせ〟に違いない、と思いました」

と言っている。だが、そうではなかった。不意をうたれたのはミロシェビッチも同じだった。

これは、パニッチがうった大芝居だった。

本来なら、これはセルビア人側の内部分裂をさらけだす外交上の大失点になるに違いない。しかし、セルビア人の「悪」をすべてミロシェビッチに負わせる決意を固めたパニッチには、この檜舞台《ひのきぶたい》で、衝撃的な形でミロシェビッチとの訣別《けつべつ》をアピールするという狙いがあった。

パニッチは会議が休憩に入ると、すぐさま次の手をうった。

衆人環視の前で叱責したばかりのミロシェビッチ大統領と会談し、

「この場で、ボスニア紛争の責任をとって大統領職を辞任したまえ」

と迫ったのだ。

ミロシェビッチは、何を言うか、と拒絶した。

だが、それで「ミロシェビッチ大統領に辞任を要求した」という事実はできた。

パニッチ首相は、会議後の記者会見で、

「私は、平和を達成するためにミロシェビッチ大統領に辞任を要求しました」

と言うことができる。それは、本会議場の衝撃のエピソードとともに、セルビア陣営の中で地殻変動が起きている、というニュースとなって大々的に報道されるはずだった。

だが、実際はそうはならなかった。かわりに、BBCなどイギリスのテレビニュースがその日のトップで伝えたのは、シライジッチ外相の記者会見での出来事だった。

そちらのほうが、もっと大きい衝撃を伴っていたからである。


ハーフとマザレラが、ボスニア・ヘルツェゴビナ政府の主催する記者会見に特別ゲストを招いたことを、ユーゴスラビア連邦のペリシッチ情報相は偶然に目撃していた。

「それはエレベーターの中の出来事でした。会議場は各国の代表団や事務局のスタッフでこみあっていて、エレベーターもいったりきたり大忙しでした。そんな中、私は偶然にその二人と乗り合わせたんです」

一人は、みすぼらしい姿をした難民のような女性だった。もう一人は、PR企業のスタッフで、難民風の女性に、この後何が起こりそこでどう振舞うべきかを教えていた。

ペリシッチ情報相は、初めは何のことかわからなかったが、やがてこの女性はボスニア政府の記者会見にこれから登場するモスレム人の難民だ、と理解した。PR企業のスタッフは彼女に、自分がレイプされた時の状況をどのように語るかを指示していた。

ペリシッチ情報相は、二人に背を向けて聞き耳をたてていた。そして、目的の階が近づいたところで、

「そんなことをしたって、何の役にも立たないぞ」

と、二人にちょうど聞こえるくらいの声でつぶやいた。

その言葉はセルボ゠クロアチア語、つまりセルビアとボスニア・ヘルツェゴビナの両方で話さ

れる言語だった。ペリシッチにはベオグラードのアクセントがあった。

難民風の女性は、

「この人は、セルビア人だわ」

と驚いて声をあげた。

彼女は役に立たないどころではなかった。

この直後に行われた記者会見の模様は、その一部始終が映像に残されている。

会見場は数百人が収容できる大きなホールで、即席の舞台上にしつらえられた横並びの席の中央にシライジッチ、その隣にはハーフが座っている。そして、イゼトベゴビッチ大統領の娘で首席補佐官のサビーナ・バーバロビッチも同席していた。

司会役のハーフが、

「皆さん、ボスニア・ヘルツェゴビナの外務大臣、ハリス・シライジッチです」

と紹介すると、会議を終え、少し疲れた表情のシライジッチが、いつものように得意の英語でスピーチをはじめた。シライジッチの背後の壁には、あの「鉄条網ごしのやせた男」の写真や、難民となったいたいけな表情の少女の写真が、一辺数メートルの大きさに引き伸ばされてかかげられ、ちょうど報道陣のカメラがシライジッチの姿をおさめるときの背景にくるよう配置されていた。

発言するのはもっぱらシライジッチで、サビーナは黙って座っていた。だが、この日のメインキャストは、シライジッチではなかった。

記者の質問が何問か続いたあと、ハーフが突然、

「今日は、皆さんにぜひお会いしていただきたい方に来てもらっています」

と言うと、ジム・マザレラに連れられて、一人の女性と、彼女に手を引かれた二人の幼い子供が舞台の袖《そで》から現れた。つい十数分前、ペリシッチ情報相とエレベーターで出会った女性だった。

これはいったい誰なのか。記者たちの無言の問いに答えるようにハーフが言った。

「彼らは、つい最近ボスニアの強制収容所から奇跡的に逃れ、ロンドンにたどり着いた難民の親子です」

記者が質問を浴びせる前に、女性はセルボ＝クロアチア語で訴えるように話し始めた。それまで黙っていたサビーナが、その一言一言を英語に通訳した。

「セルビア人たちは私をなぐりました。それだけではありません」

女性は自分の服をはだけ、肌をさらし、お腹を突き出した。

「見てください。ここに、やつらが真っ赤に熱した焼きごてを押し付けたんです」

皮下脂肪で膨らんだ腹の上には、たしかにやけどの痕《あと》があった。

すばらしいインパクトだった。舞台上にあったカメラから取材陣を撮影した映像が残っていて、そこには衝撃のあまり呆《ほう》けたように難民の母親を見つめて立ち尽くしている女性記者の姿が捉《とら》えられている。

直後に、難民女性のその姿を逃すまいと、スチル、ムービー、両方のカメラマンが壇上に殺到した。

その次に起きたことを、ハーフは今も得意げに語る。

「あまりに多くのカメラマンがステージに殺到したので、即席の舞台が音をたてて崩れてしまったんです。みんな命があぶないところでした。このモスレム人親子はそれほどの視覚的効果を与えていたわけですよ。この会見の成功は私たちの誇りとするところです。もっとも、会場設営係のイギリス人たちは、血相を変えて怒っていましたがね、ははは……」

この親子は、いったいどこから現れたのだろうか？

エレベーターで母親と乗り合わせたペリシッチ情報相は、

「あれは完璧な振付けを施された演技に過ぎませんでした」

と言い、彼女は本当の難民ではなく、もともとイギリスに住んでいた人物ではないか、と考えている。あまりの手際のよさと見事な演出に、彼女が本物とは信じられないでいるのだ。

ハーフは、この女性の出自について、

「彼女は私たちがロンドンに連れてきたのではありません。ロンドン会議の準備をしているとき、ボスニア政府代表団のスタッフから、最近現地から逃れてきた親子がいる、という話を聞いたので、ぜひ彼らを会見に呼ぼうと思い立ち、マザレラ君と相談してすぐ手配したのです」

と言っている。イゼトベゴビッチ大統領にサラエボから随行した大統領府のスタッフも同様の証言をしており、彼女と子供たちが本当にボスニアからやってきた難民だったことは間違いないだろう。優れた「素材」が近くにある、ということを見逃さず、それを即座に料理して最大の効果をあげるように持ってゆくのがプロの技術なのだ。

ユーゴスラビア連邦のパニッチ首相も記者会見を主催した。しかし、ボスニア・ヘルツェゴビナ政府の会見に比べ、すべての面で準備不足だった。パニッチの会見の映像を見ると、会場はホテルの一室のような小さい部屋で、記者たちには狭いスペースしかなく、床に車座になって聞き耳をたてている。パニッチの前のテーブルには無秩序に各社のマイクが並べられ、コードがごちゃごちゃにからみあっていて、パニッチが身振りをつけて話し始めただけで、わずかに揺れたテーブルからそのマイクがずり落ちる始末だった。

ハーフも、パニッチの記者会見場に偵察に出かけていた。そして、そのときの印象を辛辣《しんらつ》に語っている。

「アマチュアの仕事でしたね。会見場の様子はカオス（混沌）という言葉がぴったりでした。しかも各社が思い思いに照明をたいているので、室温があがって暑苦しいといったらなかったですよ。そういうことも記者たちとコミュニケーションをとるために、気を遣わなければいけない大切なことなんですがね。パニッチは、それがわかっていないようでした」

むろんパニッチ首相にしても、好きでそのような状態にしているわけではなかった。助けを借りるプロがいない悲しさだった。

もう一つの誤算は、西側の記者たちの多くが、パニッチよりもあくまでミロシェビッチ大統領を追いかけたことだった。ミロシェビッチは、メディアにサービスするつもりはいっさいなく、記者会見も開かなかった。にもかかわらず、会場への出入り、ちょっとした休憩時間、そのほかあらゆるチャンスをとらえて、カメラと記者がミロシェビッチを追いかけた。パニッチ首相の議場での「反乱」で、ただでさえ不機嫌になっていたミロシェビッチ大統領は、あるときはカメラを無視し、あるときは悪態をついた。

なぜメディアはミロシェビッチを求めたのだろうか。ひとつには、セルビア政界の実権を握っていたのはパニッチではなくミロシェビッチだ、と見ていたこともある。しかしもっと重要な理由は、ロンドン会議の本質が「劇場」だったことだ。よい演劇には、よい役者が必要である。その点ミロシェビッチは、「ロンドン劇場」を楽しむために、これ以上は望めない最高の悪役だった。

たとえばこんな例があった。

初日の会議が終わったあと、ミロシェビッチは記者たちを振り切って、会場から少し離れた駐車場においていた車にたどり着き、ドアの脇で緊張から解放されてタバコをすっていた。あたりはもう暗かったが、目ざとくその姿を見つけたカメラクルーが近づいてきた。これを見たミロシェビッチはタバコをさっと投げ捨てると、ずかずかとカメラに近づいていった。恐怖を感じたカメラマンは思わず後ずさりをした。この模様を、数十メートル離れたところにいた別のカメラの望遠レンズが捉《とら》えていた。そこから撮影された映像はその日の夜のニュースに採用され、「カメラマンを威嚇《いかく》する恐怖の大王・ミロシェビッチ」というイメージを増長した。

しかし実際には、ミロシェビッチはこの後、最初に近づいたカメラクルーに対し、いつになく親切にインタビューに応じているのだ。ずかずかとカメラに歩み寄る部分だけを切り取ったために、威嚇するように見えただけである。これが意図的な編集かどうかはわからない。しかし、メディアの中にミロシェビッチに対する先入観があり、それが報道の仕方に影響したことはやはりあるだろう。

「悲劇の犠牲者＝サラエボのモスレム人」という観念がすでに確立していた状況において、セルビア人側のキャラクターに割り当てられた役柄は平和の使者ではなく、悪役と決まっていたのだ。

ロンドン会議は、翌二十七日、三日間の予定会期を二日に短縮して終了した。二日目の午後、紛争各派が議長の提示した宣言文書の草案にサインした。すると、共同議長の一人、ガリ国連事務総長はすぐさまこの宣言の採択を発表し、そのまま閉会を宣言した。紛争各派のリーダーと世界各国の代表が集まった貴重な機会に、少しでも長く話し合いの時間をとり、問題の本質的な解決をはかろう、という意図は感じられなかった。仲介者という体裁をとっていた主要国や国連にとって、重要なのはあくまで格好のいい宣言文書だった。

宣言には、戦闘をただちにやめること、重火器を国連の監視下におくこと、ユーゴスラビア連邦政府も含め会議の参加者全員がボスニア・ヘルツェゴビナの国家承認をすること、収容所を閉鎖すること、などがうたわれていた。

停戦協定はそれまでにも数十回結ばれ、そのすべてが破られてきた。

今回もまた破られたらどうするのか。そうボスニア・ヘルツェゴビナ代表団に詰め寄られた共同議長の一人、イギリスのメージャー首相は、手にしていた宣言文書を机にたたきつけ、

「そのときは、わが英国空軍がバルカンに向かうだろう」

と声をあらげた。それもまた「演技」だった。イギリスが単独でそんなことをするつもりがないことは、その場にいた全員がわかっていた。ロンドン会議は、最初から最後まで「劇場」だった。

ひとつだけ、実質的な取り決めがあった。国際戦犯法廷を設置し、人道に対する犯罪を捜査し

て裁くことが決められたのだ。これから九年の後に、ミロシェビッチその人が、この法廷の被告席に立つことになるのである。

このときはまだ、そんな自分の運命に思いもよらないミロシェビッチ大統領は、最後まで悪役らしく、群がる報道陣を振り払うように会場を出た。そして、

「話し合いの内容をどう思われますか?」

という問いに、ひとこと、

「話し合い? いったい何の話し合いのことだ?」

と悪態をつき、そのままリムジンをものすごいスピードで発進させ、パニッチ首相をおいて走り去ってしまった。

ボスニア代表団のシライジッチ外相は、会議事務局のイギリス外務省から、記者会見場の舞台が破壊されたことについて強く抗議された。シライジッチはハーフとマザレラにむかい、

「本当によくやってくれた。お陰で最高の記者会見になったよ」

と言った。

こうして、シライジッチ、ハーフ、パニッチ、ミロシェビッチが一堂に会した国際イベント、ロンドン会議は終わった。パニッチ首相は新しい戦略をもってのぞんだが、圧勝したのはまたもやハーフとシライジッチだった。

しかし、ロンドンでのPR戦争の勝利をよそに、サラエボの戦火は収まる気配がなかった。翌日の新聞は、早くも停戦協定が破られ、激しい砲撃で一九八四年に冬季オリンピックの会場となったスケートセンターが破壊され、十人が死亡した、と伝えていた。

第十四章　追放

1992年9月22日、第47回国連総会でユーゴスラビア連邦追放決議案が採択された。
左から、パニッチ首相、ジュキッチ外相、ジョキッチ国連大使

ルーダー・フィン社が、ボスニア・ヘルツェゴビナ政府との契約をすべて終わった後、全米PR協会に提出した報告書には、ロンドン会議の終了後、PR戦略は「第三段階」に入ったと記されている。

「国連総会に標的を絞った作戦計画」がその内容である。

それは、この年九月にニューヨークの国連本部で行われた第四十七回国連総会のことだ。この総会で、ユーゴスラビア連邦追放の決議案が採択された。国際連合の歴史上はじめての追放劇だった。各国代表団が見守る中、議場を出てゆくパニッチ首相の姿は、戦前、満州侵略の非を問われた日本が国際連盟から脱退した際の松岡洋右を彷彿《ほうふつ》とさせる。しかし松岡がある意味で自ら望んで議場を去ったのに対し、パニッチは最後の瞬間まで国連に残りたいと願い、あらゆる方策を施したがかなわず、泣く泣く議場を後にした点が大いに異なっていた。

前例主義が大きい力を持つ国連で、初の追放処分に追い込まれることになるとは、その一ヵ月前のロンドン会議の時点でも、パニッチ首相は想像もしていなかった。ハーフの「第三段階」の作戦は、まさかそこまで、と思われていたユーゴスラビア連邦国連追放という成果に結実したのである。

八月末のロンドン会議は、PR戦争においてハーフの圧勝だった。しかし、外交交渉の具体的な内容では、シライジッチ外相らボスニア・ヘルツェゴビナ政府が百パーセント満足できるものではなかった。

ロンドン会議の二日目、本会議場での討論が中断し、各国代表団がいったん控え室に戻って作戦を練っていたとき、突然、国連のガリ事務総長がボスニア政府の控え室に入ってきた。

その時のことを、ハーフと連携してボスニア政府代表団を助けていたデビッド・フィリップスはこう証言する。

「ガリは手を後ろに組み、イゼトベゴビッチ大統領の目をまっすぐに見つめました。それは、私のこれまでの人生で経験した中でも、最も緊張感が高まった瞬間でした」

やはりその場にいたジム・マザレラは、

「イゼトベゴビッチ大統領は、ごく普通の常識的な精神の持ち主でした。それが、国民の命運がかかった究極の選択をする立場に立たされて、文字どおり進退窮まっていたのです。どちらの道を選んでも苦渋の決断になることはわかっているんですからね。私は大統領に心から同情しました」

と言っている。

ガリは、ボスニア紛争を戦うセルビア人、クロアチア人、モスレム人がいっせいに停戦する、という収拾案を持ってきて、それをイゼトベゴビッチ大統領にのむよう求めていた。そこには、収容所を閉鎖したり、サラエボを包囲しているセルビア人勢力が重火器を国連に引き渡すことなど、セルビア人勢力に厳しい内容も含まれていた。しかし、条文の大半は三勢力を平等に扱い、セルビア人が悪く、モスレム人が被害者であるという前提には立っていなかった。

その基本的な認識において、シライジッチ外相やイゼトベゴビッチ大統領が受け入れられるものではとうていなかった。

「大統領、これはわれわれ国際社会の、あなたがたへのお願いです。これがあなたがたに残された平和への最後の機会なんですよ。さあ、大統領の答えはどうなんですか？」

ガリ事務総長はイゼトベゴビッチ大統領に即答を迫った。

イゼトベゴビッチは、言葉を発することができなかった。

沈黙の中、女性のすすり泣く声が部屋の中に響き渡った。大統領の娘で首席補佐官になっていたサビーナ・バーバロビッチが、緊張感に耐え切れず泣き出したのだ。

それでも、大統領は口を開けなかった。

「沈黙の時間は、三分、いや四分も続いたように感じられました。大統領は、どうしたらよいのか、本当にわからなかったのだと思います」

と、フィリップスは言う。

PR戦略に関してはハーフの強力なバックアップを得ていたボスニア政府の首脳も、世界のリーダーたちが直接対決する国際政治のぎりぎりの局面では、経験不足だった。

長い沈黙の後、ようやく、イゼトベゴビッチ大統領が口を開いた。

「この提案で平和が来る保証などありはしない。いったい、どう答えればいいと言うのだ。本当にわからない」

そう言ったあと、

「だが、あなたの提案をのむ以外、選択肢はないようだ」

と受け入れを表明した。

その瞬間、険しかったガリ事務総長の表情が、ぱっと明るくなった。ガリは礼を言う間もなく、部屋を駆け出していった。ただちに全体会議を再開すると、つい今しがたイゼトベゴビッチ大統領にのませた声明を採択し、ロンドン会議の終了を宣言した。翌日三日目の会合はすべてキャンセルされ、予定より一日早くあたふたとロンドン会議は終わった。とりつけた合意が紛争当事者の心変わりによって反故《ほご》になることを恐れたかのようだった。

ガリ事務総長の心の底にあったのは、ボスニア・ヘルツェゴビナ政府だけが悲劇のヒーローとなっている事態への反感だ。西側各国の本音は、石油も、他のさしたる資源もないヨーロッパの辺境ボスニアに軍事力を投入して若い兵士の命を危険にさらす事態だけは避けたい、というものである。いずれもセルビア人がすべて悪い、という世論があまりに強くなり、それがやがて、やつらを力で叩《たた》けという声になることを恐れていた。ガリが持ってきた宣言案は、そういう彼らの本心を反映していた。その老練な外交術に、イゼトベゴビッチ大統領は舞台裏で負けてしまった。

もともと、ロンドン会議はパニッチが仕掛けたものだった。ハーフとシライジッチ外相にとって、今度は自分たちの方から国際政治の場で、誰の目から見ても疑問の余地なくセルビアが悪の根源であると示す番だった。ガリ事務総長も西側各国の首脳もそのことを認めざるを得ない決定的な場面がほしかったのだ。

その機会はすぐにやってきた。

国連総会は、毎年九月に行われる。各国の代表団が集まる総会会議場から、パニッチ首相らユーゴスラビア連邦代表団を追放する。この歴史的な場面を実現できれば、ロンドンでイゼトベゴビッチ大統領に圧力をかけたガリ事務総長の目の前で、誰が悪の侵略者で、誰が善良なる被害者なのか、見せつけることができるのである。

ハーフの行動は素早かった。ロンドン会議が終わった六日後、九月二日には、国連総会をどう乗り切るかについての総合的なプランを作っている。そこには、シライジッチ外相のメディア出演を集中的に行うことなど、それまでに行われてきた方法をあらためて徹底する一方、新しい方策がいくつか取り入れられていた。

その中で、ルーダー・フィン社のユダヤ人社会に対するPR戦略についても触れなくてはならないだろう。

このテーマになると、ハーフも、CEOのデビッド・フィンも、非常に慎重になる。

「私たちがユダヤ人たちを扇動したなんて、そんなことは絶対あり得ない」

と、いつもは冷静なハーフが珍しく強い嫌悪感をあらわにして言う。

それは、ユダヤ人にまつわる問題が、欧米社会において今なおセンシティブであることのあらわれである。

日本でも、世界の金融やメディアはユダヤ人によって支配されている、とか世界そのものが彼らの思うとおりに動かされている、といった言説が聞かれることがある。そんな言葉が公的な場で語られると、ユダヤ系の国際的な組織から抗議をうける、といったこともある。本当はどうなっているのか？　という気持ちにさせられるのも無理のないことかもしれない。

今回の私の取材でも、重要な役割を果たした登場人物が、じつはユダヤ人である、ということが何回かあった。ルーダー・フィン社のCEOデビッド・フィンはユダヤ人だし、「強制収容所」をスクープしたガットマン記者もそうだ。

だからといって、私は、セルビア人非難の論調が「世界のメディアを支配するユダヤ人たち」によって操作されたとは思わないし、ましてや、ユダヤ人たちが世界を動かしている、などとは思わない。そのような証拠はない。

　ユダヤ人や、その社会的な組織は、他の民族グループや宗教グループと同様に、アメリカの政治やメディアに影響力を及ぼしているというのが本当のところだろう。もちろん、そうした圧力団体の中ではユダヤ人のさまざまな組織は大きな力を持っているし、ボスニア紛争では、セルビア人とナチスのイメージが重ねられたために、ナチスの被害者、ユダヤ人の存在がひときわ重要になった。

「三人のジム」のうちの一人は、

「ユダヤ人社会とイスラエルは心強い味方でした。セルビア人をナチスになぞらえる報道が出ると、すぐ反応して助力を買って出てくれました。彼らは、ただ味方になってくれるというだけでなく、実際に〝何か〟を起こす力をもっていますからね」

　と証言している。

　ハーフの事務所に残されていた文書には、ルーダー・フィン社が世界各地のユダヤ人団体と接触していたことがはっきりと記録されている。

　文書のひとつ、司法省に提出された活動報告書には、接触先としてアメリカ・ユダヤ人委員会と、強力なロビー団体として有名なアメリカ・イスラエル公共問題委員会がリストアップされている。またボスニア政府に提出された報告書には、ロンドン会議開催中の多忙を極める日程を縫って、欧州ユダヤ人会議との会合をセットしたことが記載されている。さらに全米PR協会への報告書では、ルーダー・フィン社が行ったPR活動を二十三項目に分類しているが、その二十一番目に、シライジッチ外相とワシントンのイスラエル大使との会談をセットしたことが、また二十三番目には、イスラム、ローマカトリック、プロテスタントに加えユダヤ教組織からの全世界的な支持を取り付けた、と記されている。

一連のユダヤ人組織への働きかけで鍵《かぎ》を握る人物が、当時ルーダー・フィン社のシニアアドバイザーだったフィリス・カミンスキーという女性である。

カミンスキーはボスニア・ヘルツェゴビナ政府への報告書に、

「彼女を窓口として、私たちはアメリカのユダヤ人団体にたえず情報を流し、ボスニア・ヘルツェゴビナの問題に積極的にかかわるようにさせた」

と紹介されている。現在は自分のPR企業を経営しているが、当時は「三人のジム」と密接な連絡をとって活動していた。そして、彼女はユダヤ人である。

カミンスキーは、ボスニア・ヘルツェゴビナでモスレム人たちがうけていた苦難が、ユダヤ人の心にどのように響いたかを率直に語っている。

「ボスニアで起きていたことは、ホロコーストそのものとは違いますが、いろいろな点でユダヤ人が体験した悪夢に似ていました。特定の民族に属するという理由だけで迫害され、暴力を振るわれるという話は、とても他人事とは思えませんでした」

ボスニアの悲劇の主人公は、モスレム人である。彼らはアラブ民族ではないが、同じイスラム教徒であるアラブの国々の首脳に、シライジッチやハーフたちは何度も接触し、援助を願い出て実際に資金を得ていた。ユダヤ人の国イスラエルと、周囲のアラブ諸国の宿命的な敵対関係を考えれば、ユダヤ人の支持を得ることは簡単ではなかった。だがハーフたちは、ユダヤ人の細かい心情を理解し、細心の注意を払って味方につけることに成功した。

たとえば、「ホロコースト」というユダヤ人にとって特別な言葉を、セルビア人非難の中で決して使わなかったことも、その一つだ。

カミンスキーは、

「もし、〝ボスニアで第二のホロコーストが起きている〟とルーダー・フィン社が言えば、信用を失っていたはずです」

と語っている。

カミンスキーは、自分がしたことについて、

「私はユダヤ人の組織にコネクションがたくさんありました。それをいかして、ユダヤ人団体にシライジッチ外相を紹介しました。ディナーの会合があれば夜に、ランチの会合があれば昼にという具合に連れて行ったんです」

と説明する。

シライジッチは、それまで何十回となくメディアに向けて語った言葉を、こうしたランチやディナーの会合で繰り返し、身につけた表現力を駆使して訴えた。

シライジッチが出席したある在米ユダヤ人組織のディナーパーティに同席したときのことを、デビッド・フィリップスは驚きをこめて語っている。

「その日、シライジッチ外相は歯痛で会話さえ困難な状況だったのです。私と一緒のテーブルについている間、ほとんど言葉を発せず、ずっと落ち込んだ表情でした。痛みに耐えていたんだと思います。それが司会者に呼ばれて登壇するやいなや、人が変わったように雄弁になりました。モスレム人たちがうけている苦しみについて感情を込めて語りだしました。演説を聞いた聴衆

は、みんな彼の話を自分たちユダヤ人の身の上におきたことと重ね合わせ、心を震わせて同情したのです」

ハーフが配布した「ボスニアファクス通信」には、さまざまなアメリカのユダヤ人団体がモスレム人支持の行動を起こしたと報告されている。たとえばファクス通信第十七号は、

「アメリカ・ユダヤ人委員会が、セルビア人勢力に対する武力行使を求めるアピールを出した」

ことを伝え、第二十一号は、

「有力な四つのユダヤ人団体が共同で『ニューヨーク・タイムス』紙に意見広告を出し、〝強制収容所〟の査察をセルビア人勢力に認めさせるため、軍事行動を起こすようブッシュ大統領に要請した」

と伝えている。

他のさまざまな宗教団体や民族団体で、同様の支援をしたものも多かったが、中でもユダヤ人団体はとくに早く反応した、とカミンスキーは語っている。そして、

「ユダヤ人の社会は組織化が進んでいて、ワシントンのいろいろな〝急所〟につながっているんです。シライジッチ外相のメッセージを聞いたユダヤ人たちは、自ら立ちあがり、さまざまなネットワークを使って、政界のリーダーやメディアなどに、モスレム人を支援するよう求めていったのです」

と証言している。

ハーフやカミンスキーが、ユダヤ人たちを「扇動した」と言うのはあたらないだろう。ユダヤ人たちは、最終的には自分たちの意思で影響力を行使したのだ。だが、ルーダー・フィン社の存

在なくしては、モスレム人のシライジッチが、ユダヤ人社会に近づくことはできなかっただろうということも想像に難くない。

カミンスキーは、

「私たちの助力は不可欠だったと思います。シライジッチほどの才能に恵まれた優秀な人材でも、このワシントンのような町で、助力なしにあれほどの効果は挙げられなかったはずですよ」

と言っている。

ユダヤ人たちのモスレム人への支持はその後も強まっていった。翌年四月、ユダヤ系アメリカ人の呼びかけでワシントンに作られた「ホロコースト博物館」の開館式で、ユダヤ人で強制収容所の生き残りでもあるノーベル賞文学者、エリー・ウィーゼルは、ボスニア紛争の悲劇について、

「彼らのことを思うと夜も眠れない」

と演説した。そしてこの日のために集まった各国首脳と並んで座っていたクリントン大統領のほうを向くと、

「行動を起こさなければいけないのです」

と迫った。その劇的なシーンはアメリカのメディアによって大きく報道され、クリントン政権がボスニア紛争への関与を深めるきっかけになったと言われている。

ユーゴスラビア連邦のパニッチ首相は、ロンドン会議で、セルビア共和国大統領ミロシェビッチとの対立を決定的にした。ミロシェビッチは、ロンドン会議が予定より一日早く、二日目の夕

方に閉会すると、パニッチを残してさっさと宿舎のホテルに引き上げてしまった。ミロシェビッチの言葉を聞きたがる数多くの西側記者が残された。

「大統領、少しは記者たちに答えてやってください」

ユーゴスラビア連邦のペリシッチ情報相がホテルまで追いかけて頼むと、

「君は連邦政府の情報大臣なんだろう。それなら記者たちにベオグラードまで来るように言いたまえ。そうすれば話をしてやってもいい」

と言い捨て、そのまま空港に直行し本当にベオグラードに帰ってしまった。ミロシェビッチは、会議の席上、各国首脳の面前でパニッチ首相に「だまれ」と言われたことに激怒しており、他のことには頭が回らないようだった。

スロボダン・ミロシェビッチは、のちにユーゴスラビア連邦大統領となり、現在はオランダのハーグで拘置所につながれている。二十世紀最後の十年の世界史の主要なキャラクターで、西側メディアに欠かせない悪役でありつづけた。戦後の世界の国家指導者の中で、最も数奇な人生をたどった人物の一人と言えるだろう。私の取材に対して、さまざまな人物がミロシェビッチとはどのような人物なのか説明しているが、その多くが非難の言葉である。

パニッチ首相は、

「ミロシェビッチは、学ぶ、ということがおよそできない人物だった」

と、その頑固さを攻撃する。

アメリカの駐ユーゴスラビア大使だったウォーレン・ジマーマンは、

「見た目は西側的で洗練されている」

が、

「人間のやさしい心をいっさいもっていない」

とその内面と外面の隔たりを指摘している。

アメリカの全国紙『USAトゥデイ』で国際問題担当だったリー・カッツ記者は、

「ミロシェビッチは、マキャベリストの権化《ごんげ》だ」

と、損得勘定だけで動く人間だと言っている。

その生活ぶりは質素で庶民的だ、という評判もある。二〇〇一年四月にミロシェビッチが逮捕される直前、その自宅でインタビューを行ったセルビア人のジャーナリスト、ドラガン・ビセニッチは、インタビューを始める前、ミロシェビッチが自ら慣れた手つきでコーヒーメーカーを使ってコーヒーを淹《い》れてサービスしてくれた、と記事に書き、

「話し方は穏やかで、いばったり、相手を威圧するようなところはなかった」

と証言している。

そのとき撮った写真には、西側メディアに対するときとは全く違った、深い悲しみの表情を浮かべたミロシェビッチがうつっている。自分の逮捕を予感していたからだ、とビセニッチは推測しているが、思いのほか人間くさい側面も、ミロシェビッチは持っているのかもしれない。

ミロシェビッチはチトー時代のユーゴスラビア共産党で若いころを過ごしたあと、四十歳そこそこでベオグラード銀行の頭取に抜擢《ばってき》された。若き銀行家として、西側の外交官や経済人との親交を重ねた。政治家になってからはあまり公の場で使わなくなったが、じつは英語もかなり話すことができる。

それでは、ミロシェビッチのPRのセンスはどうだったのだろうか。

ペリシッチ情報相は、

「パニッチ首相は、普通のセルビア人の感覚からすれば、あまりにも西側的なメディア慣れした態度をとり、好んで記者やキャスターと台本なしのやりとりに応じました。それが自分のウィットに豊んだ会話のセンスを見せつける機会だったからです。それに比べて、ミロシェビッチのメディア対応はなにからなにまで逆でした。ほとんどの場合、用意された原稿しか読み上げないし、まず国内のメディアにしか興味がなかったですね。西側記者のインタビューは、よほどのことがなければ受けなかったですよ」

と言っている。

しかし、だからといってミロシェビッチにはPRのセンスがない、と考えるのは早計だ。ミロシェビッチの数少ないアメリカのテレビ局とのインタビューを見ると、辣腕《らつわん》記者もたじたじの論理と英語を駆使しているのだ。

一九九三年にイギリスのBBCが行ったインタビューでは、

「ボスニアにいるセルビア人たちを使ってサラエボを攻撃させている責任を、あなたはどうとるつもりなんですか」

と言う記者の追及に対し、

「私はセルビア共和国の大統領であって、ボスニア・ヘルツェゴビナにいるセルビア人たちは、別の国の人たちです。私がベオグラードから命令しているなんて、考えられませんよ。問題外ですね」

と余裕たっぷりに答えている。

ミロシェビッチの権限がどこまでおよんでいたかについては、今もハーグの戦犯法廷で論争の焦点になっていることで、当時の西側メディアは確固たる証拠をつかんでいなかった。ミロシェビッチを非難する側の最大の弱点で、ミロシェビッチの反論はそこを突いていた。

さらに、ミロシェビッチの話は短い文で構成されており、歯切れよく論理的で、パニッチのエンドレスに言葉が続くわりには中身のない話し方とは対照的だ。むしろシライジッチに近く、パニッチよりテレビに向いている。

それなのに、なぜ西側記者に冷たくあたり、自分への論調が厳しくなるような行動に出たのだろうか？

ペリシッチ元情報相が解説する。

「ミロシェビッチは、セルビア人がCNNなど見ないことを知っていたのです。ミロシェビッチの関心の的は、自分がセルビア政界で権力を保持できるかどうか、という一点だけでした。そのためには、西側記者にサービスする必要はなかったのです」

セルビア人の間には、西側の経済制裁やメディアの非難に反発するナショナリズムが深まっていた。その空気を敏感に感じ取ったミロシェビッチは、西側メディアに媚《こ》びるより、むしろ受けが悪いほうが国内的な人気を高めるうえではよい、と判断していたのだろう。

ロンドンから帰国したパニッチ首相は、ミロシェビッチとの対決姿勢をいっそうあらわにしていた。

八月二十八日には西側の記者を集めて会見し、

「もしミロシェビッチがロンドン会議の結果に従わなかったら、私が彼をクビにする」

と言った。

このとき、記者団からは笑い声がおきた。もともとミロシェビッチによって連邦首相の地位につけられたパニッチに、ミロシェビッチを更迭することなどできるのだろうか。すると、

「私は連邦首相であり、共和国大統領のあの男より上位にあるのだ」

と、パニッチは強弁した。

記者団からは、再び笑い声が漏れた。誰が考えても、国内の政治基盤はミロシェビッチのほうがパニッチよりもはるかに強固だった。また、ミロシェビッチはまがりなりにも国民の選挙で選ばれていたが、パニッチは政府に指名されて任命されただけである。そのパニッチがミロシェビッチの任免権を持っているとは制度上も考えられなかった。

むしろパニッチの地位があやうくなる事態がおきた。この記者会見から三日後、ユーゴスラビア連邦議会で、ミロシェビッチの息のかかった議員たちが中心となり、パニッチ首相不信任案を提出したのだ。

「西側諸国からの命令をうけて動き、ユーゴスラビア連邦を彼らに売り渡そうとしている」

というのが、その理由だった。これが可決されれば、パニッチ内閣は退陣に追い込まれる。

パニッチは、自分とアメリカとの関係をあくまでアピールした。

「自分だけがアメリカと話をつけ、経済制裁を解除させることができる」

と言った。

この主張は有効だった。はじめはそれほど効果をあげていなかった経済制裁も、物品だけでなくお金の流れやサービスの輸出入まで禁じたアメリカの厳しい措置が、しだいに効果をあげはじめていた。物価はあがり、闇経済がはびこった。国民もこの苦しみを軽減してくれるのなら、とパニッチに期待する声が高まりはじめた。

九月十一日のベオグラードの有力週刊誌『ニン』の調査では、支持する政治家のランキングで、パニッチが一位で四十五・五％。ミロシェビッチの三十二％を大きく引き離すという結果が出た。半年前まではセルビアで誰もその名前を知らなかったパニッチが、ここまでの数字をあげるとは驚きの結果だった。『ニン』の記事は、

「誰かがこの混乱から助け出してくれるとしたら、それはパニッチしかいないだろう」

という市民の声を伝えていた。前年のクロアチア内戦以来、一年以上にわたって続く戦争への厭戦《えんせん》気分も高まっていた。

こうしたパニッチ人気を見て、不信任案は撤回された。パニッチはとりあえず国内政治での足場固めに成功した。

「まずは乗り切ったぞ」

安堵《あんど》の言葉が思わずパニッチの口をついて出た。

そのパニッチのもとに、ユーゴスラビア連邦を国連から追放せよ、という声が急激にもりあがりはじめた、という知らせがニューヨークからもたらされた。

マンハッタン島の東のはずれ、イーストリバーに向かってそびえる国連本部ビルの敷地の中心

部に、国連総会の会議場がある。演壇の背後の壁に、北極上空から地球を眺めた正距方位図法による世界地図をあしらった国連のマークが掲げられた有名な会議場は、実際に中に入ると思いのほかこぢんまりとしている。各国代表団の席に置く国名表示の札はとりはずせるようになっていて、閉会中は議場の隅にある机の上にまとめて積み上げられている。その名札の山の中には、国連から追放されていた八年あまりの間もずっと、ユーゴスラビア連邦のものが残されていた。それは、条件さえ整えばいつでも戻ってきてほしい、という国連本部の願望のささやかなあらわれだ。国連にとって、加盟国数は一ヵ国でも多いほうがいいのである。

しかし、一九九二年九月十五日に始まった国連総会は、冒頭からユーゴスラビア非難一色で染められた。例年、初日の会議は議長を選出して終わりとなる。ところがこの年は、各国の国連大使が次々と発言を求めた。

まず、イギリスのハネイ国連大使が、

「ユーゴスラビア連邦の追放を求める」

と言ったのを皮切りに、トルコ、オーストリア、アメリカの国連大使がつぎつぎとユーゴスラビア追放を求め、たちまち議場の空気を支配する大きな流れとなった。舞台裏ではその日のうちに「ユーゴ追放勧告決議案」と題された文書が、各国の代表部に配られていた。それはイギリス代表部が中心となって作成した文案だった。

パニッチは、狼狽《ろうばい》した。国際社会と話をつけ、経済制裁を終わらせることができる唯一のセルビア人、というのがパニッチの強みなのだ。まもなく、自らニューヨークに乗り込み、国連総会で演説することになっている。その目の前で国連追放という失態を防げなかった、となれば自分の存在意義が根底から崩れてしまう。
パニッチは最後の逆襲を開始した。

ミラン・パニッチは現在、自分が創設したICN製薬のCEOにもどっている。その本社は、ロサンゼルスから車で一時間ほど南に走ったコスタ・メサというカリフォルニアの陽光に恵まれた街のはずれにある。敷地は広大で、正門から社屋の入口にたどり着くまで、またそこからパニッチの部屋まで行くのにも、それぞれ数百メートル歩かなくてはならないほどだ。

執事のようにうやうやしい広報担当者の案内で社内を歩くと、廊下のそこかしこに、パニッチがユーゴスラビア連邦首相だった時代、国際政治の表舞台で各国首脳と会談している写真が日付順にならんでいる。裸一貫からビジネスで大成功を収めたパニッチにとって、それは世界のメディアが自分に注目を注いだ栄光の日々である。

社内には、カリフォルニアの開放的な雰囲気がそのまま持ち込まれ、内装の色調は明るく、社員の服装もカジュアルだ。それが社長室の周りに来ると一転して照明が暗めになり、壁も床も天井も、ダークな色調の、贅沢《ぜいたく》で重々しい空気を漂わせるものになる。パニッチ自身と少数のとりまきも、カリフォルニアでは場違いとも言える重厚なスーツを着こんでいる。それは、この会社の主、パニッチが、本来はヨーロッパの人間だということの表れである。

インタビューに答えるパニッチは、その日茶色のスーツを着ていたが、

「ダークブルーのスーツも用意しているが、映像的にはどちらがいいのか？」

と聞いてきた。

そのようなことを聞く取材相手は、私の経験ではパニッチただひとりだ。それは、PR戦略上の緻密《ちみつ》な計算というよりは、テレビに取材されるのが大好きで、放送される自分の姿を確認し、その映り具合が気になって仕方がない、というふうに思えた。社内各所に自分の輝ける過去の写真を張り出すことにも通ずる、一代で会社を築き上げたオーナー経営者に時々みられるセンスである。

オーナー経営者といっても、パニッチのスケールは並外れている。会社から二十分の場所にある空港に専用ジェット機を持ち、常に世界中を飛び回っている。インタビューを申し込んだときも、三週間ほどの間に、コスタ・メサから、南米、モスクワと居場所がかわり、オーストリアのザルツブルクでいったんアポがとれたもののどうしても時間がとれないとキャンセルされ、結局元に戻ってカリフォルニアの本社で取材が実現した。

一九九二年のパニッチも、並外れた行動力を発揮していた。カリフォルニアで使っていたジェット機をベオグラードに持ち込み、自由自在に世界各国に飛んでいった。ユーゴスラビア国連追放の気運が高まると知ったときも、ただちに北京とモスクワを歴訪した。国連で強大な力を持つ常任理事国五ヵ国のうち、ユーゴスラビアに心情的に近いと思われるこの二ヵ国に追放回避を懇願する旅だった。

その機内には、パニッチ首相の招待で、西側の記者が何人か同乗した。それは、これまでのパニッチにはあまりなかったプロフェッショナルなメディア対策だった。

日本も含め先進国の首脳たちは、海外を歴訪するときに記者を専用機に乗せることがよくある。そうすることで、普段接触の機会が少ないジャーナリストたちと、狭い機内で時間をともにすることで関係を深めることができる。さらにパニッチは、旅費を記者たちから徴収しようとしなかった。ジャーナリストたちの出張費用を浮かすことで、そうしなければなかったかもしれない記者の現地派遣を実現し、自分の訪問先での活躍ぶりを報道してもらおうという狙いがこめられていた。

そのころ、パニッチの周囲にはようやくPR戦略について相談できるアドバイザーが集まり始めていた。かつて国務省にいて駐ユーゴスラビア大使を務めたことがある元外交官、ジョン・スカンラン、CNNのコメンテイターで政治評論家のビル・プレス、クリントン大統領候補の選挙対策チームで世論対策を担当していたダグ・ショーンといったメンバーだ。PR企業を雇うことは経済制裁のためできなかったが、彼らは、パニッチのアメリカでの人脈を最大限活用して一本釣りしたメンバーで、ほとんどボランティアでパニッチの相談にのった。

国連追放のおそれが現実のものになるかもしれない、との情報がパニッチにもたらされたとき、残された時間は半月もなかった。追放の動きが本格化すれば、日程上、九月下旬には採決が行われることになりそうだった。

「時間がない、何としてでも国連の議席を守るアイディアを今すぐ考えるんだ」

パニッチは、ベオグラードからアメリカのアドバイザーたちに電話をかけまくって相談した。まず浮上してきたのが、イゼトベゴビッチ大統領の資格に対する攻撃だった。イゼトベゴビッチ大統領は、ボスニア・ヘルツェゴビナを構成する三つの民族、モスレム人、クロアチア人、セルビア人のうち、実質上モスレム人を率いているだけだった。それなのに、ボスニア・ヘルツェゴビナ政府の大統領を名乗り、国連の議席を占めるのはおかしいと指摘するのである。

「イゼトベゴビッチ大統領は、ボスニア・ヘルツェゴビナ国民全体を代表しているとは言えない。ボスニア・ヘルツェゴビナに住むセルビア人はイゼトベゴビッチが当選したときの選挙をボイコットしているのだから、彼らの意見は反映されていないではないか」

パニッチや、そのスタッフたちは繰り返し発言した。

さらに、イゼトベゴビッチ大統領の過去も問題になった。

大統領は、チトーの共産党政権時代、政治犯として投獄されたことがあった。その罪状はイスラム教の過激思想を流布した、というものだった。

たしかにそのころ、『イスラム宣言』という本を書き、その中には、

「イスラムの秩序による統治こそが真の民主主義だ」

という一節があり、イスラム国家樹立の必要性を説いている。これを根拠に、

「イゼトベゴビッチ大統領は、じつはイスラム原理主義者だ。ボスニアをイランのようなイスラム教国家にしようと企んでいる」

という非難が出てきた。

こうしたイゼトベゴビッチ大統領批判に呼応するかのように、パニッチは訪問先の中国とロシアで大きな成果をあげていた。

北京では中国外務省の報道官が、

「ユーゴスラビア連邦の議席は維持されるべきである」

という声明を発表した。

モスクワでは、時間を節約するためにコーズィレフ外相にモスクワ空港まで来てもらい、ター

ミナルビルで会談した。コーズィレフ外相は、

「ユーゴスラビア連邦の議席保持のために、ロシアはやれることは何でもする」

と最大限の支持を表明した。

「イゼトベゴビッチ大統領はイスラム原理主義者である」

という攻撃は、ハーフも無視することのできないやっかいなものだった。もし、これが本当なら、西側諸国も放っておくことはできない。ましてユダヤ人社会のモスレム人支持は吹き飛んでしまうだろう。

ハーフは、

「イゼトベゴビッチ大統領がイスラム原理主義者だなんて、でっちあげもいいところですよ。私も何度か大統領と話をしていますが、原理主義の影も形もありませんでした」

と言い、しかし、と前置きをして続けた。

「どんな人間であっても、その人の評判を落とすのは簡単なんです。根拠があろうとなかろうと、悪い評判をひたすら繰り返せばよいのです。ですから、この種の攻撃は大きなダメージにつながることがあります。たとえ事実でなくとも、詳しい事情を知らないテレビの視聴者や新聞の読者は信じてしまいますからね。攻撃への対応策は綿密に練る必要がありました」

ハーフは否定するが、本当のところ、イゼトベゴビッチ大統領が政治に宗教を持ち込むことを狙う原理主義者なのか、単に一個人として熱心なイスラム教徒というだけのことなのか、判断するのは難しい。だがいずれにせよ、ハーフは「原理主義者」攻撃に反論を加えることにした。

ルーダー・フィン社の内部文書を見ると、その戦略を読み取ることができる。まずハーフは、集中して反撃を行う期間を設定した。それはイゼトベゴビッチ大統領とパニッチ首相がバルカンからニューヨークにやってきて顔をあわせる九月二十日からの数日間だった。その期間、国連総会は、世界のメディアと各国首脳の目前で、双方の首脳が対峙《たいじ》するという劇的な舞台となることが確実だった。それより前に反撃ののろしをあげてセルビア側を論破していたとしても、この期間でのパニッチの言葉が説得力を持っていれば元《もと》の木阿弥《もくあみ》になる。それならば、可能な限りの準備をして、この数日間にすべてをかけるほうがよいのである。

ハーフはそのときにそなえて一つのキーワードを導入することにした。

「多民族国家（multiethnic state）」である。

それは「民族浄化」や「強制収容所」のように目新しく衝撃的な言葉ではないが、アメリカ人の心には深く静かにひびきわたる言葉だった。

ハーフは、サラエボの衛星電話に連絡し、大統領首席補佐官のサビーナ・バーバロビッチと話し合った。そして、これまで西側メディアにあまり知られていなかった新しいキャラクターを登場させることにした。ボスニア・ヘルツェゴビナ政府軍の幹部ディビャク将軍を、イゼトベゴビッチ大統領とともにニューヨークに来させるというアイディアだった。

ディビャク将軍は、宿敵であるはずのセルビア人だった。

イゼトベゴビッチ大統領やシライジッチ外相らとともに戦っていたボスニア・ヘルツェゴビナ政府軍は、このころそのほとんどがモスレム人で構成されるようになっていたが、少数のセルビア人も参加していた。ディビャク将軍はその代表的な存在で、サラエボ生まれだったために、サラエボを包囲し攻撃するセルビア人勢力に対して敵意を持ち、ボスニア・ヘルツェゴビナ政府軍に身を投じた。アメリカの士官学校で教育をうけたこともあり、プロの軍人としての識見に優れていた将軍は当初、作戦立案の指揮をとる地位にいた。しかし内戦が長期化するにつれ、実質的な軍事部門からははずされた。「セルビア人」という将軍の民族性がボスニア・ヘルツェゴビナ政府軍の中では疎んじられたからだ。

ハーフは、そのディビャク将軍を、ニューヨークでイゼトベゴビッチ大統領と並んで記者会見させようと考えた。ボスニア・ヘルツェゴビナ政府は、モスレム人だけでなく、今は対立しているセルビア人やクロアチア人も含めた「多民族国家」を作ろうとしている、その証拠に、軍の枢要な地位に、敵であるはずのセルビア人さえ起用しているではないか。そう主張して、イゼトベゴビッチ大統領は偏狭なイスラム原理主義者だ、という指摘に対する強力なカウンターパンチにしようというプランだった。

この計画の顚末《てんまつ》を先に述べておくと、ディビャク将軍は、イゼトベゴビッチ大統領とともに訪米し、記者会見に出席しただけでなく、その専門知識を生かして、アメリカの軍事問題を専門とするシンクタンクや研究所に招かれ講演した。アメリカのメディアは、ボスニア・ヘルツェゴビナ政府軍で指揮を執るセルビア人の将軍、という新鮮なネタに飛びつき、競うように将軍との単独インタビューを行って報道した。

このとき、ディビャク将軍は、自分がPR戦略の道具として使われていたことを十分に自覚していた。将軍は、自分が知っている日本語の単語を使って自らの役割について説明している。

「私は机の上の、精緻《せいち》で美しい〝イケバナ〟のような存在だったのです」

軍事作戦には関わらせてもらえず、ボスニア・ヘルツェゴビナ政府軍は多民族融和の軍だというPRのために使われた自分を、将軍は自嘲《じちょう》をこめてそう表現した。だが、ディビャク将軍はセルビア人からは民族の裏切り者とみなされている。セルビア側に戻る場所はないのだ。自分が「生け花」だと自覚していても、その役割を演じ続けるしかなかったのである。

九月二十日と翌二十一日、ボスニア・ヘルツェゴビナのイゼトベゴビッチ大統領と、ユーゴスラビア連邦のパニッチ首相が相次いでニューヨークに入った。

ユーゴスラビア連邦の国連追放決議案は、アメリカ、イギリス、フランスの常任理事国三ヵ国に加え、EC本部のあるベルギーと、アラブの国モロッコが加わった共同提案の形で上程され、翌二十二日に採決されることが決まった。残された時間は二十四時間あまりだった。

ハーフはすでに、ワシントンから国連のあるニューヨークに移動していた。ボスニア国連代表団のIDを持ち、議場内で各国代表団の発言内容と表情をつぶさに観察した。

「あるときはボスニア代表団の席にすわり、またある時は会場全体を見渡せるオブザーバー席から観察しました。とくに、各国の外交官が非公式の会話をする議場のすぐ外のラウンジは、各国の様子を知るのに最高の場所でしたね」

ハーフは、さまざまな国の代表団と話をし、その動向を探り、ボスニアへの支持を要請した。

ロンドン会議では、メディア対策においてセルビア側を圧倒しながら、舞台裏の外交交渉でガリ事務総長にしてやられた。ニューヨークでは、ハーフがボスニア政府の外交官の役割も果たしていた。

「ボスニア政府はとてもではないですが、プロの組織とは言えませんでした。できたばかりでよちよち歩きの状態でした。シライジッチ外相など、四月の戦争勃発後、一度も帰国していなかったのです。国連総会という最も重要な機会を前にしているのに、ボスニア政府にあるのは混乱だけでした。ですから、わたしたちの役目は、この組織に秩序というものをもたらすことでした」

とハーフは語る。

ハーフは、イゼトベゴビッチ大統領が到着する前の晩ホテルに籠《こも》り、一晩で大統領の演説原稿を書きあげた。それまでは、シライジッチ外相にしてもイゼトベゴビッチ大統領にしても、その演説原稿や手紙を書くときは、ハーフが草稿を書く段階から打ち合わせを繰り返し、だんだんと練り上げる手法をとった。それがＰＲ企業とクライアントの正常な関係だからだ。しかし、今回は違った。

「ボスニア政府との関係が数ヵ月を経て、彼らの言いたいことはいちいちやりとりをしなくても分かるようになっていました。ですから私が自分で大統領の演説原稿を書きあげたのです。そのポイントは、どうすればアメリカ人の心に訴えることができるかでした」

と、ハーフは証言している。

演説には、キーワード「多民族国家」がちりばめられた。

「アメリカ人にとって〝多様性を大切にすること〟ほど快く心に響く考え方はありません」

ハーフはその意図を解説する。

「人種のるつぼ」であることこそアメリカの強さの源泉である、という自負はすべてのアメリカ人に共通する思いだ。そこをハーフは突いた。

同時に、「イスラム国家樹立」を目指していると非難されたイゼトベゴビッチ大統領の口から「多民族国家」が飛び出すことは、そのまま攻撃への反論になった。

そしてハーフは、このキーワードを、ある映像的な比喩《ひゆ》で効果的に彩った。イゼトベゴビッチ大統領が目指す国づくりをジャクソン・ポロックの絵になぞらえたのである。

ジャクソン・ポロックは、一九四〇年代に活躍したアメリカのモダンアートの画家だ。アメリカ人ならば一度は聞いたことがある有名な作家で、無数の色の絵の具をキャンバスにたらした抽象画で知られている。ポロックと聞けば、多くのアメリカ人がこの絵を思い浮かべる。それは多民族が美しく交じりあう様子を文字通り色鮮やかに表現していた。

「三人のジム」の一人は、

「国連に集まる各国の外交官は、百戦錬磨の抜け目ない連中だと私たちは知っていました。だからボスニア政府のためのスピーチ原稿はわたしたちの手で書いてやる必要があったのです。ポロックを使うアイディアは、以前イゼトベゴビッチ大統領がふとした会話で触れたことがきっかけでした。大統領は画家でもあったので、ポロックのことを知っていたのです。それをハーフが演説原稿にとりいれました。イゼトベゴビッチは、何の気なしにポロックの名前を口にしただけなので、ハーフがいなければこの比喩の本当の効果には思いいたらなかったでしょう。それに気づき、演説を印象的なものにするのが私たちの仕事なのです」

と、ハーフのテクニックへの賞賛をこめて語る。

イゼトベゴビッチ大統領の演説は、二十一日に予定されていた。本会議場に座ったハーフは、それに先がけて行われたブッシュ大統領の演説に耳を傾けながら、自分が書いた原稿が、本会議場で読み上げられる瞬間を待っていた。

同じころ、パニッチはジョン・F・ケネディ空港からマンハッタンに到着していた。ホテルにつくとすぐに、国連史上ほとんど例のない異例の会合を実現しようと奔走した。それは、パニッチが放った起死回生の一手だった。

パニッチは、アドバイザーになっていたアメリカの元外交官、ジョン・スカンランに、

「なんとか今夜中に、常任理事国五ヵ国を説得する場をつくるぞ」

と宣言した。

翌日の投票に向けて、百数十ヵ国の総会参加国すべてに多数派工作を行う時間はなかった。しかし、国連は事実上アメリカ、イギリス、フランス、中国、ロシアの常任理事国五ヵ国が牛耳っている。この五ヵ国と話をつけることができれば、大勢を逆転できるだろう。

中国とロシアを直前に訪問し、まず二ヵ国の支持はとりつけてあった。パニッチは、とりわけ好意的な姿勢を示していたロシアのコーズィレフ外相に懇願した。

「何とか他の四ヵ国に声をかけて、今夜のうちに私の訴えを聞いてもらう機会を作ってほしいのです」

パニッチのモスクワ訪問のとき、

「ユーゴスラビア連邦のために、できることは何でもやる」

と発言していたコーズィレフは、この願いを聞き届けることにした。

「各国の国連大使を呼べばよいのですか?」

コーズィレフの問いかけに、パニッチは、

「外務大臣を呼んでください」

と答えた。

たしかにパニッチは首相である。しかし、ユーゴスラビアのような小国一国のために、五大国の外相が集まって話を聞く、というのは異例中の異例だった。しかし、パニッチはそれを強く望んだ。一発逆転のためには、外交政策の責任者、トップたちと直接話をつけるしかないのだ。

「わかりました。やってみましょう」

コーズィレフの呼びかけは成功した。五大国の一角、ロシア外務大臣のたっての願いは、他の四ヵ国も拒絶はしなかった。会談場所には、ロシア国連代表部の建物が提供され、中国の銭、フランスのデュマ、イギリスのハード、そしてアメリカからはイーグルバーガーが顔をそろえることになった。

「これでなんとかなる」

パニッチは、自信を取り戻した。ポイントは、五ヵ国のうち、追放決議案の提案国に名を連ねているフランス、イギリス、アメリカをどう翻意させるかだった。

「イーグルバーガーは、私に面と向かってNOとは言えないはずだ」

アメリカは、最後には味方になってくれる。なぜなら、自分はブッシュ大統領のお墨付きを得てユーゴスラビア首相になったのだから。その事実は、交渉の場で最も強力なカードとなる。そうパニッチは信じていた。


国連総会の会議場では、イゼトベゴビッチ大統領が登壇していた。

三十七歳という史上最年少の若さで総会議長に選出されたブルガリア外相ストヤン・ガネフが、若々しい声で大統領の名前を呼ぶと、イゼトベゴビッチはゆっくりと演壇への階段をのぼった。大統領は前の月に六十七歳になっていたが、もっさりとした動きで一段ずつ踏みしめてのぼる後姿は八十歳の老人のようだった。連日連夜サラエボの大統領府を砲撃され、夜も眠れない日々が大統領を一気に老け込ませたのだろう、と聴衆からは見えた。

ようやく壇上にあがった大統領は、めがねを取り出してかけ、ハーフが書いた原稿を読み始めた。

驚いたことに大統領は英語で演説をはじめた。大統領の英語は、シライジッチ外相に比べるとなまりが強く、セルビア側のパニッチや、ミロシェビッチと比べても下手だった。

国連総会では、完璧な同時通訳の態勢が整えられている。大統領の母国語、セルボ＝クロアチア語は、セルビア人も含めて旧ユーゴスラビア諸国全域で広く使われている言葉だ。その母国語で演説したとしても、各国代表団がつけているヘッドフォンを通じて国連の公用語である英、仏、西、中、露、そしてアラビア語への同時通訳が可能だった。それでも、大統領は、一語一語嚙《か》み締《し》めるように英語で原稿を読み上げた。

ハーフが書いた原稿は、当然英語だった。それを翻訳するのはたしかに大変なことではあったが、やろうと思えばできないことではなかった。しかし、英語が選択された。

大統領の一言一言は、英語を母国語とする国の外交官たちはもちろん、議場につめかけていたアメリカ人の記者たち、そして、夜のニュースでこの演説の「ＯＮ」（演説やインタビューの音声をニュースなどの放送で使うこと）を聞くであろう全米の視聴者の心に染み通ることが計算されていた。

「まず、議長に選出されたガネフ閣下に、おめでとうと申し上げます……」

他の国々の代表の演説と同じ儀礼的な言葉から始まった演説は、やがてボスニア・ヘルツェゴビナが「多民族国家」であることを強調する部分に入った。

「私たちが目指しているのは、〝民族浄化〟ではなく〝民族共存〟の国家です。イスラム教徒、キリスト教徒、ユダヤ教徒が交じり合い、正義と平等の名のもとに協力する国です。私は先週、モスレム人、キリスト教徒、そして他の民族グループとともに、ボスニアへのユダヤ人定住五百周年を祝いました。なぜなら、私たちの国は、そのすみずみにまで多民族が共存し暮らしているからです」

「それをセルビア人たちは野蛮な攻撃によって破壊しています。彼らは、セルビア人以外には基本的人権も自由も認められない国をつくりあげようとしているのです」

演説が最高潮に達したとき、ハーフが工夫をこらした表現が聴衆の心の中に色鮮やかなイメージを浮かび上がらせた。

「私たちの国を一つの民族の色に染め上げようというたくらみを許してはなりません。ボスニア・ヘルツェゴビナは、あたかもジャクソン・ポロックの絵のような、さまざまな民族の色が入りまじった美しさを持つ国なのです」

『USAトゥデイ』紙のリー・カッツ記者は、十年近くの歳月を経て、この場面を振り返り証言する。

「今でもその演説は鮮明に記憶しています。ボスニア・ヘルツェゴビナは多民族国家だ、というのがそのメッセージでした。その多民族共存の社会を守るため、西側の国々に助けてほしいと大統領は懇願していたのです」

ユーゴスラビア連邦の代表席で、この演説を聴いていたペリシッチ情報相は、

「ゴーストライターがいるな、とすぐにわかったよ。イゼトベゴビッチの頭から、アメリカのモダンアートの画家の話を演説に持ちだすアイディアなど、出てくるわけがない。自分も同じバルカン出身の人間だからよくわかる。あれはPR企業の作文に間違いない。イゼトベゴビッチが国際的な価値観を持つ先進的な人間で、イスラム教の信条にこりかたまっているのではない、と印象づけるのが狙いだったんだ。それも徹頭徹尾、アメリカ人に向けてね。たしかに効果はあった。敵ながらあっぱれだったよ。ボスニアを多民族、多文化の国として見事に描いていたからね」

と言っている。

実際には、このときのボスニア・ヘルツェゴビナ政府が、本当に多民族共存を旨としていた、とは言いがたい。実質的にはモスレム人主体の政府だったことは明らかだ。

「多民族共存のイメージには、多くのジャーナリストがごまかされてしまいました。現実には、ボスニア政府、つまりモスレム人は他の二つの勢力、セルビア人とクロアチア人と同じように民族主義者の集まりでした」

と、現地で長期間取材していたNPR（全米公共ラジオ）のシルビア・ポジオリ記者は語っている。

また、『USAトゥデイ』紙のカッツ記者も、

「紛争当時から今回に至るまで、ボスニアは名前だけの〝多民族国家〟にすぎませんからね」と言っている。

この日のイゼトベゴビッチ大統領の演説は、多くの英語メディアに引用されて報道された。イスラム原理主義者かと疑われたイゼトベゴビッチ大統領が「多民族」を語るという意外性には、大きなニュース価値があった。そして、テレビ局にとって、英語で演説が行われたことは、その生の声を「ON」で視聴者に聞かせる時に便利このうえなかった。一分を争うニュース番組の制作で、翻訳の声をかぶせたり、訳を字幕スーパーにするのは作業が煩雑なうえ、視聴者に対する印象も弱くなるという演出上の問題点がある。多少下手であっても、英語で話したほうが、アメリカのメディアに露出する可能性は飛躍的に高まるのだ。

イゼトベゴビッチ大統領の演説からほどなくして、国連本部の近くにあるロシア国連代表部には、五つの常任理事国の外相と、ユーゴスラビア連邦のパニッチ首相が集まってきた。ほかには各国一人から二人の補佐役が参加するだけの小人数の会議だ。この動きをかぎつけて集まったテレビカメラも、すぐに敷地の外に追い出された。

会議が続いた二時間ほどの間、ロシア国連代表部は異様な緊張感に包まれた。

ユーゴスラビア連邦という国家の運命がこの二時間にかかっていた。

「歴史が今まさに目の前で動いていることを実感しました」

パニッチの秘書官、デビッド・カレフは語っている。

パニッチは、世界を動かす五人の外相に、本音をぶつけることで理解を得ようとした。

「私は今、ミロシェビッチとやるかやられるかの戦いをしている。私が勝てば、ユーゴスラビアは変わる。西側世界と協調する民主国家に生まれ変わる。ミロシェビッチが勝てば、ユーゴスラビアは、ボスニア全土を支配するまで戦いつづけ、モスレム人を最後の一人まで追い出すだろう。そうすることで、あの男は国内のセルビア人の支持を集めようと考えている。国際社会からどのような目で見られるかなど、ミロシェビッチはまったく気にしていないのだ。そうなれば、バルカン半島は、この先もずっと不安定でありつづけることになる」

ロシアのコーズィレフと中国の銭が大きくうなずいた。

この二人の支持は、すでに直前の中ロ訪問で得ていた。問題はあとの三人だった。

「私にはあなたがたと交渉し経済制裁をやめさせる力がある、と国民は信じている。だから私は支持されているのだ。今ここで、私の目の前でユーゴスラビア連邦が国連から追放されれば、国民は私を信用しなくなる。それでいいのですか？　私が失脚し、あのミロシェビッチだけが力を持つユーゴスラビアになってもよいのですか？」

半分は脅しのような論理だった。だが、ミロシェビッチがすべてを支配するユーゴスラビアが西側諸国にとって望ましいものでないことは間違いない。

フランスのデュマ外相が、パニッチ支持を表明した。

続いてイギリスのハード外相も、デュマほどではなかったが、どちらつかずの中立的な態度に変わった。セルビア非難の先陣を切っていたこれまでの姿勢からは大転換だった。

残るはアメリカだ。アメリカは、パニッチ首相が未だに市民権を保持している「祖国」である。

だが、イーグルバーガーは、ほとんど発言しなかった。

パニッチはいらだった。最も期待をかけていたアメリカが、一向に態度を変えないではないか。

パニッチは、いちかばちか、危険ではあるがとっておきの切り札を出すことにした。

イーグルバーガー国務長官代行に向き直ってパニッチは言った。

「この十一月には、大統領選挙がありますね。もし私を支持しなければ、この選挙の行く末に影響するような何かを、私は言うことになるかもしれない。それでもいいですか?」

それが具体的には何のことか、そこまではパニッチは言わなかった。パニッチがユーゴスラビア連邦首相になる直前、ブッシュ大統領は、アメリカの市民権をもったままユーゴスラビア連邦の公職につくことが、発動中の経済制裁に触れる恐れが大きいにもかかわらず、それを問わないと約束していた。その詳細を暴露するという意味にもとれた。

緊張は最高潮に達した。イーグルバーガーは、どう答えるのか?

「イーグルバーガーが、断固たる意志で、自分の考えをずばりと表現したことが脳裏に焼きついています」

カレフはそのときの状況をそう振り返る。

アメリカの国務次官補で、イーグルバーガーの補佐役として出席していたジョン・ボルトンも、

「そのとき、イーグルバーガー長官代行が言ったことの記憶は今もまったく薄れていません」

と言っている。

イーグルバーガーは、

「もし、私があなたの立場にいたら、そのようなことは絶対に言わないだろう」

と、パニッチを見据えて厳かに言った。

ボルトンは、

「パニッチ首相の言葉は、イーグルバーガー長官代行には脅迫に聞こえたと思います。私も同じ考えでした。適切さを著しく欠いた発言です」

と振り返る。

パニッチの発言は、アメリカに向けられた脅しと受けとられた。ユーゴスラビア連邦首相の脅しに、アメリカが屈することはなかった。

パニッチ首相のこのひとことさえなければ、アメリカはパニッチ支持にまわり、国連追放は避けられた、と言えるかどうかはわからない。おそらく、イーグルバーガーの意志は、はじめから固かったのだろう。しかし、完全に百パーセント立場を決めていたのなら、この会議に出てきただろうか。それは時間の無駄である。話し合いの余地がほんの少しでもあるから出席したのだと推測できる。パニッチ首相の不用意な言葉は、その最後の一縷《いちる》の望みをも打ち砕いてしまったのだ。

イーグルバーガーは、最後までユーゴスラビア連邦の国連追放を強く主張した。冷戦崩壊後、唯一の超大国となっていたアメリカの立場が変わらないことは、他の四ヵ国にも大きく影響した。もともとロシアと中国にしても、ユーゴスラビア連邦が国連の議席を守るかどうかに致命的な国益がかかっていたわけではなかった。ここでアメリカと対立してまでパニッチを救うメリットはなかった。

「私はアメリカの市民として、ユーゴスラビア連邦の政権を、私が最も優秀なシステムだと信じているアメリカ政府のような組織に変えようとしていたんです。それなのに、そのアメリカが助けてくれませんでした。あそこで国連追放の阻止をアメリカが承諾してさえいれば、ユーゴスラビア連邦に民主主義が始まっていたはずなのです。しかし現実には『パニッチはアメリカと話をつけることができないじゃないか』という評価になってしまいました」

パニッチは今も憤懣《ふんまん》やるかたない、という様子で語る。

パニッチはミロシェビッチ大統領に見出され、ブッシュ大統領のお墨付きを得て、ユーゴスラビア連邦首相になった。期待は大きかったのだが、「強制収容所」の問題がもちあがったとき、そしてロンドン会議でも、ハーフがバックについたボスニア政府のPR戦略に敗れた。そしてもはや賞味期限が切れた、と判断されたときに、パニッチは、ミロシェビッチとブッシュの両方から捨てられてしまったのだ。

翌二十二日、予定どおり国連総会でユーゴスラビア連邦追放決議案が採決された。

投票の前に、ユーゴスラビア連邦を代表して演説する機会がパニッチ首相に与えられた。

パニッチは、

「昨日のボスニア・ヘルツェゴビナ大統領の主張は間違っています。私は〝民族浄化〟をやめさせようと奔走しています。どうか、この努力の足をひっぱるようなことはしないでいただきたい」

と、前日のイゼトベゴビッチ大統領の演説に反論し、追放を思いとどまるよう訴えた。

「私たちは、文字通り最後の瞬間まで、望みを捨てていませんでした」

と、パニッチの秘書官、カレフは証言している。

総会での投票は、常任理事国も、開発途上国も一国が一票である。小さい国々のひとつひとつがどちらに投票するか、そこまでは誰にもわからないのだ。そして、総会議長のガネフはブルガリア人だった。セルビア共和国の隣国であり、同じ南スラブ人に属するブルガリア人は、セルビア人と民族的には近い。もしかしたら、そこに何かの活路があるかも知れない。

「それでは、採決に移ります」

ガネフ議長が宣言した。

国連総会での投票はボタン式である。どの国が、どちらに投票したか、その結果は一瞬のうちに一覧表形式の電光掲示板に映し出されるようになっている。

結果は、圧倒的だった。

ユーゴスラビア連邦追放に賛成百二十七ヵ国、反対六ヵ国、棄権二十六ヵ国。反対にまわったのは、タンザニア、ジンバブエ、ザンビア、スワジランド、ケニア、そしてユーゴスラビア連邦だった。

ユーゴスラビア連邦のジョキッチ国連大使は、代表団のメンバーに向かって、

「まもなく、ガネフ議長が私たち全員の退席を命じることになります。そうなる前に自主的に退場しましょう」

と言った。

それが最後の面目を保つ方法だった。

「賛成百二十七、反対六、棄権は……」

ガネフ議長が、投票結果を読み上げる声が議場にひびく中、パニッチ首相をはじめ、ユーゴスラビア連邦代表団のメンバーは、机の上の書類をまとめ、各国の議席の中にもうけられた通路を通って退場した。議場にいるほかの国々の外交官たちは、ほとんどその姿に視線を送ることもなかった。

ユーゴスラビア連邦代表団の中で、ただ一人ペリシッチ情報相だけは議場に残ることを希望していた。

「つい今しがたまで味方だったロシアのコーズィレフ外相や、一年前までユーゴスラビア連邦の一員だったスロベニアの外相が、どんな顔をして『お前らは国連から出て行け』という態度をとるのか見とどけたかったんだ」

というのが、その動機だ。ペリシッチのささやかな願いだけは聞き届けられた。

国連追放の意味について、

「私たちの仕事はそれで終わった。われわれは、国家として〝悪〟のラベルをべったりと貼られてしまったんだ」

と、ペリシッチは語っている。

パニッチの言葉は、

「私は本当に頑張った。五つの常任理事国との直談判という、前例のない機会を実現するところまでいった。だが、最後にすべてが無に帰してしまった」

というものである。

パニッチたちが退場してゆく様子を、ハーフはゆっくり見ることはできなかった。本会議が終わった後に予定していたイゼトベゴビッチ大統領の記者対応の準備に追われていたからである。議場から出る大統領の退出ルートを確認し、議場のドアを出てすぐのところにあるエスカレーターの直前のスペースが、記者たちの「ぶらさがり」取材に最適と判断して、そこに記者たちを誘導した。

「ここで待っていれば、イゼトベゴビッチ大統領が来ますから。質問に答えさせますので」

ジム・ハーフは、パニッチ首相が白旗をあげた最後の瞬間も多忙だった。

終章　決裂

国連旧ユーゴ問題特別代表・明石康（左）も舌を巻いた、
シライジッチ（中央）の弁舌
©ロイター・サン

ハーフの手元に残されている書類、シライジッチやサラエボの大統領府との連絡ファクス、演説原稿や各国首脳への手紙、プレスリリース、内部報告そのほかの数は、九月の国連総会のあと激減している。

ユーゴスラビア連邦を国連から追放したことは、セルビア人を国際社会から完全に追い出した、ということに等しかった。湾岸戦争以来、悪者国家の代表のようになっているサダム・フセインのイラクでさえ、国連には依然として議席を持ち続けている。ユーゴスラビアがイラク以下の邪悪な国となった今、ハーフのPR戦略は所期の目的を達成したと言ってよかった。

もう一つ、アメリカ国内に、ハーフが活動を一休みせざるを得ない理由があった。

それは十一月三日に投票されるアメリカ大統領選挙だった。

十月に入ると、アメリカは選挙一色に染められていった。今は選挙戦の状況を見極め、新大統領が登場してくる事態に備えてじっくり策を練るべき時だった。

ところが、ハーフとシライジッチとの間に、ある問題が持ち上がっていた。

ボスニア・ヘルツェゴビナ政府からルーダー・フィン社へのPR料の支払いについて、ハーフはこう証言する。

「ルーダー・フィン社は気が遠くなるほどの時間を、ボスニア政府のために費やしました。しかし、支払われた金額はわずかです」

当時のボスニア政府には財務省と言えるようなものは存在していなかった。だからハーフは請求書を直接シライジッチ外相に手渡していた。

しかし、シライジッチは支払いのことになるといつも気分を害した。そして、国際的なビジネス慣行の基準から考えると奇行としか言いようのない行動をたびたびとった。

ハーフは振り返る。

「イスタンブールのホテルでのあの出来事は、一生忘れられないでしょう」

それはイスラム諸国機構の会合にシライジッチと同行したときのことだった。世界数十ヵ国のイスラム教の国々と数百人のジャーナリストが集まった会議のPR戦略をいつものように完璧に仕切ったハーフは、仕事を終え、さて帰ろうというタイミングを見計らって切り出した。

「前からお話ししていた請求書の件ですが……」

二人は、シライジッチが泊まっていたスイートルームのリビングで話していた。

請求書の金額は、

「まあ、たいした額ではないんですが」

と、ハーフが言うとおり、一万二千ドル程度のものだった。シライジッチは、

「わかったよ」

と言うと、ベッドルームからアタッシェケースを持ってきた。

中にはトラベラーズチェックがいっぱいに入っていた。

シライジッチはその一枚一枚にサインをしはじめた。

「いくら書けばいいのかい？　一万ドルかい、もっとかい？」

ハーフは珍しく狼狽《ろうばい》した。当然口座振込みの相談をされると思っていたのだ。ルーダー・フィン社は、通常、クライアントから支払いを現金で受け取ることさえほとんどない。ましてトラベラーズチェックなど、聞いたこともない話だった。

「一万ドル以上のチェックを持ってアメリカに帰国すると、税関で申告しなければなりません。そうすると、これは何の金だと厳しく問いつめられて面倒なことになるんですよ」

ハーフは抗議した。

「そうかい、ならとりあえず今は九千ドル切っておこうか、残りはまたあとで払うよ」

シライジッチは、平然とそう言って九千ドルのトラベラーズチェックをハーフに渡した。

「こんな体験はあとにも先にもシライジッチだけですよ。本当に驚きました」

それだけではなかった。

しばらくたってから別の請求書の支払いを求めたとき、やはり不機嫌になったシライジッチは小切手帳に金額を書き込んでハーフに投げてよこした。今度はトラベラーズチェックではなく、通常小切手だった。しかし、それはハーフが見たこともない小切手だった。マレーシア銀行のロンドン支店が出したもので、しかもドルではなくポンド建てだった。

そんな小切手がアメリカで現金化できるのか。手続きに時間がかかり、その間に為替差損が発生したらどうするのか。もちろん、普通はルーダー・フィン社がこんな支払いを受けることはないのだが、ボスニア・ヘルツェゴビナ政府の現状を考慮して、というよりはそのときのシライジッチの様子を見て、ハーフは小切手を受け取らざるを得なかった。

ボスニア・ヘルツェゴビナ政府からの支払いが順調でないことはあらかじめ予測していたが、それにしても限度があった。

「この仕事は、金をもうけようというものではありませんでした。しかし、ルーダー・フィン社は一つの民間会社で、私たちがしているのはビジネスだ、というのも事実です」

ハーフは、正直に述べている。

決裂の日がやってきた。

選挙はビル・クリントンが勝利し、次期アメリカ大統領に当選した。一月に発足する新政権では、ホワイトハウスのメンバーも、国務省の高級官僚もいっせいに交替する。ハーフとシライジッチのPR戦略も、新規まきなおしが必要になった。

その手始めとして、シライジッチのワシントン訪問が、十二月十七日からに設定された。ハーフの手によってアレンジされたメディア対応の日程表は、あっという間に分刻み、秒刻みの予定で埋められた。

訪米したシライジッチの宿は、いつものようにメイフラワーホテルである。

ロビーにあるラウンジにシライジッチを訪ねたハーフは、今回のアメリカ滞在の日程を説明した。シライジッチは上機嫌で聞いていた。

「ところで」

と、ハーフが話題を変えた。

「以前にマレーシア銀行の小切手でいただいた支払いなんですが、あれはイギリスのポンド建てでしたね」

「そんな気もするね」

シライジッチの表情がたちまち曇った。

「マレーシア銀行の小切手はアメリカで現金化するのに時間がかかるのです。つい最近、ようやく手続きが完了したのですが、その間にポンドの価値がかなり下落してしまいました。ですから、その為替差損分を支払ってもらわなければならないのです」

シライジッチは、何も言わず、突然立ち上がった。そして自分のスイートルームに駆け上がると、小切手帳を持って戻ってきた。今回の小切手はドル建てだった。

金額を書き込んでサインし、ハーフに渡すと、

「これがお前らと仕事をする最後だ！」

と叫んでそのまま立ち去った。

ハーフと、一緒にいたマザレラは、あっけにとられて一言も発することができなかった。

ホテルのラウンジという公共の場でいきなり罵声《ばせい》をあびせられる、というのはハーフにとっても珍しい体験である。

「それは、奇矯《ききよう》な行動でした」

というのがハーフの表現だ。

ルーダー・フィン社が司法省に提出した報告書には、ボスニア・ヘルツェゴビナ政府と契約した期間は翌一九九三年一月まで、と記載されているが、事実上この一件で両者の関係は終わった。

この報告書によれば、ボスニア政府から実際に支払われた金額はおよそ九万ドルに過ぎない。ハーフたちを非難するセルビアのメディアは、この数字はあまりに少なくて信用できない、じつはモスレム人を支援する多額のアラブマネーが流れ込んだのだ、と主張しているが、証拠はない。ルーダー・フィン社は、ボスニア政府とのビジネスで経済的には大幅な「持ち出し」だった

と思われる。

しかし、このビジネスはルーダー・フィン社とハーフに金にかえられない価値をもたらした。ハーフは、ボスニア政府との仕事が終わるとすぐに、全米PR協会の年間最優秀PR賞に応募した。そして「危機管理コミュニケーション」部門で最高位のシルヴァー・アンビル賞を受賞した。それはハーフの仕事が全米にあるおよそ六千のPR企業の中で最も優れた業績として認められた、ということだった。それはこのところ業績がかんばしくなっていたルーダー・フィン社の評価を高める絶好の機会だった。

優秀なPR企業を探す各国の企業や政府の間で、「ボスニア・ヘルツェゴビナの危機を救ったPR企業ルーダー・フィン、その凄腕《すごうで》PRマン、ジム・ハーフ」の評判は、着実に広まっていった。

「私たちの世界では、口コミが最もよい広告になるのです」

とハーフが言うように、次の仕事の依頼が続々と入ってきた。

「ボスニア紛争という、誰の目から見ても大きな国際的危機で成果をあげたということは、素晴らしいPR効果につながりました。なぜなら、この能力は、民間企業の危機管理対応にも当てはめることができるからです。ですから多くの民間企業がルーダー・フィン社と契約したいと言ってきました」

原子炉の炉心を作るメーカーから、水道管を製作する会社まで、製品に欠陥が発生し、対応を誤れば会社の存続が危うくなる、という危機的状況にある会社が次々とルーダー・フィン社に助けを求めてきた。たとえボスニア・ヘルツェゴビナ政府からの支払いは十分でなくとも、その分を補ってあまりある利益がもたらされたのである。

ハーフの次にボスニア紛争の舞台から退場したのは、ユーゴスラビア連邦首相のミラン・パニッチだった。パニッチは、ユーゴスラビア連邦が国連から追放され、国際社会から相手にされなくなると、国内政治の場で政治生命をかけた博打《ばくち》に出た。

この年十二月、ミロシェビッチ大統領が現職につくセルビア共和国の大統領選挙が行われた。ミロシェビッチが問題なく再選する、と思われていたこの選挙に、パニッチは立候補した。ミロシェビッチと正面から激突し雌雄を決しようというのだ。パニッチは、徹底的にアメリカ型の選挙キャンペーンを張った。テレビコマーシャルの枠を大量に買い、世界の首脳と握手する自分のイメージを一日中何回もテレビで放送し、街をパニッチのポスターであふれかえらせた。

しかし、パニッチは負けた。ミロシェビッチが五十六％の得票率、パニッチは三十四％。国連追放を防げなかったパニッチに国民は失望していた。

パニッチは連邦首相の職にとどまったまま立候補していたが、敗北確定の直後、連邦議会の上下両院で、パニッチ首相不信任案が可決された。パニッチは政治生命を完全に絶たれ、アメリカに帰ってICN製薬のCEOに戻った。

シライジッチは翌一九九三年十月、外相から首相になった。海外を飛び回る生活から首都サラエボに戻り、イゼトベゴビッチ大統領とともに政府を切り回した。ルビヤンキチ、という名の新しい外相が任命されたが、存在感はまったくなかった。ハーフのサポートがないボスニア・ヘルツェゴビナ外相に、誰も見向きもしなかった。

政府のスポークスマンの役目は、引き続き抜群の知名度を持つ首相シライジッチがつとめた。

この年の冬、明石康が国連旧ユーゴ問題特別代表としてサラエボにやってきた。明石は、シライジッチのメディア慣れした様子に舌を巻いた。

「彼のメディア戦術の巧妙さにはしてやられました。たとえば、ある日の交渉で彼を徹底的に論破したことがありました。報道関係者も誰もいない、私たちだけのその席で、彼は黙って私の話を聞いていました。交渉は私の勝ちなのです。ところが、いざ話を終え、部屋を出て待ちかまえているテレビのカメラの列の前に出た瞬間、彼は態度を一変させました。強い言葉で私を罵倒《ばとう》し非難するのです。その内容はどうでもいい、要は彼が強い口調で私を論破しているかのような映像がカメラに収められ、世界に配信される。それが彼の狙いだったのです。ボスニア・ヘルツェゴビナの首相が、そのようなテクニックをいったいどこで身につけたのか不思議に思いました」

明石がサラエボに来る前に、シライジッチはその技術をワシントンにいるPRのプロから得ていたことに、明石は気がつかなかった。

ボスニア紛争はその後一九九五年十一月、オハイオ州にある米軍基地で行われた交渉で和平合意が成立するまで続いた。その間、政治的、あるいは軍事的な面でさまざまな出来事があったが、PR戦争の観点からは、すでに九二年にセルビア人が悪の侵略者であるというイメージが定着して以降、大きな変化はなかった。ハーフがいなくなり、パニッチがいなくなったことで、PR戦争は陰の主役を失い、膠着《こうちゃく》状態に陥ったのだ。

シライジッチは、ボスニア紛争が終わりサラエボに平和が戻った後、国内の政治闘争に敗れ、公職を退いた。今は自らの小政党を率いて政治活動を続けている。あれほどのメディアスターだったシライジッチも、今は欧米のメディアで見かけることはほとんどない。

ミロシェビッチは、九七年にセルビア共和国大統領から、ユーゴスラビア連邦の大統領になった。そして九九年に、コソボ自治州に軍隊を導入してそこに住むアルバニア人を弾圧した。「コソボ紛争」である。再び、ボスニア紛争の時と同じように「民族浄化」という言葉が西側メディアの「バズワード」となり、セルビア人によるアルバニア人の虐殺や人権侵害がくり返し報道された。

このコソボ紛争でも、PR企業は活躍した。ハーフ自身が、コソボ自治州のアルバニア人の穏健派を代表するコソボ民主同盟と契約していたことがあったし、武装組織コソボ解放軍(KLA)も別のPR企業を使って情報戦を繰り広げた。ミロシェビッチは再びPR戦争で後れをとり、今回もまた悪いのは全面的にセルビア人、ということになった。激昂《げきこう》した国際世論に押されるように、NATOによるセルビア空爆が行われ、ベオグラードを含むセルビア本土の、軍事施設だけでなく、橋や鉄道、放送局などの民間施設も爆撃されて、多くのセルビア人が命を落とした。

ミロシェビッチは、紛争後も大統領職にとどまったが、二〇〇〇年九月の大統領選挙で敗北した。権力を失ったミロシェビッチは、翌二〇〇一年四月にセルビア共和国政府によって逮捕され、オランダのハーグに設置されている国連の旧ユーゴスラビア国際戦犯法廷に送られた。現在公判が始まっていて、ミロシェビッチは拘置所と法廷を往復する生活を送っている。

最後に私の考えを述べておこう。私は、バルカンで起きた悲劇には、セルビア人だけでなく、モスレム人にも、もう一つの紛争当事者であるクロアチア人にも責任があると考えている。それでも国際世論が一方的になったのは、紛争の初期の時点で、それまで国際的な関心を集めていなかったボスニア紛争に、「黒と白」のイメージが定着したからだ。このイメージは、その後のコソボ紛争でも、セルビア人＝悪、の先入観のもととなり、NATOの空爆にまでつながった。

この経緯において、ルーダー・フィン社が果たした役割は大きい。それは、ハーフが他のPRのプロより優秀だったというより、ボスニア・ヘルツェゴビナ政府がPR企業の助けを借りることができたのに、セルビア側はできなかったというアンバランスに原因があるだろう。セルビア側は、経済制裁と、初動の遅れによって優秀なPR企業を雇って対抗することができなくなってしまった。もし彼らが有能なプロの助けを借りることができていれば、たとえばモスレム人側が作っていた「収容所」を発掘し、問題を拡大してオマルスカ「強制収容所」のダメージを相殺することもできたかもしれないのだ。実際に、旧ユーゴ戦犯法廷では、モスレム人も「収容所」をつくり、人権侵害をはたらいていたとして逮捕者も出ている。

ボスニア紛争、コソボ紛争、そしてNATO空爆では、兵士たちに加えて、数多くの民間人が亡くなった。その損失の大きさは、どのような言葉を尽くしても表現しきれるものではない。それを考えれば、紛争に介入するPR企業は「情報の死の商人」ということもできるだろう。銃弾が飛び交う戦場からはるかに離れたワシントンで、ファクスや電話（現在ならインターネットや電子メール）を使って国際世論を誘導するそのやり方には、倫理上の疑問が残る。

しかし、このような情報戦争という事態を完全に規制しようとすれば、結局のところ政府などの権力が情報を統制支配する社会にするしかない。それを私たちが望んでいないのは自明のことである。もちろん、湾岸戦争の時に「少女の証言」がでっちあげられたような、完全な作り事は非難されるべきだ。しかし、明らかな不正がない限り、国際紛争をもビジネスの対象にするPR企業を百パーセント悪いと責めることは難しい。最も大切なのは、情報のグローバル化が急速に進む現在、PRの「戦場」は地球規模で拡大している、という現実にしっかりと目を向けることである。

＊

コソボ紛争が終わったある夏の日。人々の姿が戻り始めたコソボ自治州の首都プリシュティナにハーフの姿があった。この街での常宿、グランドホテル・プリシュティナのエントランスで、ハーフはタクシーに乗りこんだ。

タクシーは十分ほど走ったあと、高級住宅街の中のある家の前でとまった。その家は、周囲の家とくらべてひときわ大きな邸宅で、門の前には自動小銃をかかえた若い男が二人、目を光らせており、周囲の家とは異った雰囲気を漂わせていた。

それは、コソボ「大統領」の肩書きを持つイブラヒム・ルゴバの「大統領公邸」だった。法的にはコソボはセルビア共和国の一自治州だが、人口の大多数を占めるアルバニア人は自主的に「大統領選挙」を行い、ルゴバが「当選」していた。そしてNATO空爆でコソボからセルビア人が追い出された今、国際社会はこのルゴバをアルバニア人のリーダーとみなしている。

ハーフが執務室に入ると、ルゴバは熱い抱擁でこたえた。それは普段はもの静かな大統領の最大限の歓迎の意思表示だった。ハーフは、ルゴバとは以前PR契約を結んだことがあり、旧知の仲だった。それだけではなく、ハーフは、ボスニア紛争でセルビア人のイメージを地に落とし、国連追放にまで追い込んだ、この地域では知らぬもののないヒーローだった。

ハーフは大統領に言った。

「私は、ワシントンにいるあなたの友人として、この先あなたが進む道の地ならしをしたいのです。大統領、ワシントンに来られたらいかがですか？　あなたが来れば、メディアや政治家、議員たちはみんなあなたに強い興味を持ちますよ。とくにテレビのプロデューサーたちは、いつもスターを求めていますからね」

ルゴバ大統領は、ハーフの言葉に引き込まれるように聞きいった。

それは、国際政治を舞台に、一つの民族の指導者を相手にしたハーフの営業活動だった。

ハーフはインタビューに答えて語る。

「紛争は常に世界のどこかでおきています。これからもそうでしょう。チェチェン、キプロス、スペインのバスク独立派、そして朝鮮半島。紛争の種は世界中に散らばっているのです。ボスニア紛争の時に比べ、社会の情報化がはるかに進んだ現在、私たちのようなPRのプロの存在はなおさら欠かせないものになっています。紛争を戦う双方のサイドに言い分はあるはずです。私たちは、そのどちらの側にも立って、世界に向けてその主張を発信するお手伝いができるのです」

ルーダー・フィン社から独立したハーフが経営するPR企業、「グローバル・コミュニケーターズ社」のウェブサイトには、次のような言葉が並んでいる。

「私たちの危機管理コミュニケーションスタッフが果たしたボスニア紛争での業績は、全米PR協会のシルヴァー・アンビル賞を受賞しました。私たちは、存亡の危機に直面する国々の要請にもこたえているのです」
ハーフは今日も、次のボスニア・ヘルツェゴビナ、そしてシライジッチを探している。

あとがき

本書は、アメリカのPR企業が「情報」という武器を使って戦争の行方さえも左右している国際政治の現実を描いている。ここで取り上げた「情報戦争」は現在の日本の外交、内政、あるいはビジネスの現場でも毎日起きていると言ってよい。それはほとんどの場合、もし本書の主人公であるPRプロフェッショナル、ジム・ハーフがいたなら、このような最悪の事態は訪れなかっただろう、という意味合いにおいてである。

たとえば、輸入牛肉を国産牛肉と偽った事件で解散に追い込まれた食品会社や、大規模なシステムトラブルをおこした大手銀行などの場合、日頃からのPRの努力、そして不祥事発生時の危機管理PRの両面であまりにも無策だった。また、昨今の政府機関、とくに外務省の状況はもっとひどい。問題が起きるたびに後手に回るスピードの遅さ、すぐばれる嘘をついて自らイメージを悪化させる隠蔽《いんぺい》体質、さらには見え透いた情報リークで気に入らない者を窮地に陥れる幼稚なやり方など、およそPR戦略というものが存在しない。アメリカ国務省やホワイトハウスが、しばしば民間のPR企業から優秀な人材を引き抜いて幹部に何人も起用するなど、万全の態勢で情報戦に備えているのと比較すると、その違いはあまりに大きい。

日本社会では、こうしたPR戦略の意識は未成熟だ。それは逆に本書に描いたPRの技術や考え方を駆使すれば、周囲に対して非常に大きなアドバンテージを得られることを意味している。

この本のテーマを最初に番組企画書の形にしたのは、一九九九年のことでした。それから番組を制作して日本で放送し、国際版をつくり、今その最終的な作品を本書で世に問うまでに、私は数多くの方々に助けていただきました。

まず貴重な時間を割いて取材に応じてくださった証言者の方々。この本のもとになった『NHKスペシャル』の企画通過、取材・制作に力を尽くしてくださった方々。さらには日本で放送した番組を世界に発信するための国際英語版制作でお世話になった皆様。そして、この本をつくり、出版する決心をしてくださった講談社学芸図書出版部の方々です。この場をかりて心よりの御礼を申し上げます。

また、福岡アメリカン・センター、国連広報センターの皆様には、資料を集めるうえで大変にお世話になりました。またさまざまにアドバイスをいただいた識者の皆様、公的機関の担当者や研究者、PR業界の最前線の皆様にも心よりの御礼を申し上げます。

最後に、番組の取材や本書の執筆で壁にあたったときに支えてくれた友人たち、そしてS・Tさんに感謝の言葉を述べさせていただきます。

二〇〇二年六月

高木　徹

高木　徹　(たかぎ・とおる)
1965年、東京都生まれ。
'90年、東大文学部卒。同年、NHKにディレクターとして入局。
報道局勤務などを経て、現在、福岡放送局勤務。
2000年10月に放送されたNHKスペシャル「民族浄化～ユーゴ・情報戦の内幕～」は、
優秀なテレビ番組に贈られる、カナダの第22回バンフテレビ祭
「ロッキー賞（社会・政治ドキュメンタリー部門）」候補作となる。

カバー写真／ロイター・サン、水町和昭（著者）

ドキュメント　戦争広告代《せんそうこうこくだい》理《り》店《てん》　情報操《じょうほうそう》作《さ》とボスニア紛争《ふんそう》

2002年6月30日　第1刷発行
2002年7月23日　第2刷発行

著者——高木《たかぎ》　徹《とおる》

発行者——野間佐和子

発行所——株式会社講談社

東京都文京区音羽2-12-21　郵便番号112-8001

☎ 東京　03-5395-3522（出版部）
03-5395-3622（販売部）
03-5395-3615（業務部）

印刷所——大日本印刷株式会社

製本所——株式会社若林製本工場

定価はカバーに表示してあります。

ISBN4-06-210860-7　　N.D.C.914　319p　20cm